甜 品

127道意式烘焙权威食谱

[意] 百味来厨艺学院　编著

世界知名甜品师伊吉尼奥·马萨里为本书倾情作序

夏小倩　译

中国摄影出版社

China Photographic Publishing House

编　著

百味来厨艺学院（ACADEMIA BARILLA）

引　言

吉安路易吉·曾提（GIANLUIGI ZENTI）

伊吉尼奥·马萨里（IGINIO MASSARI）

撰　文

玛利亚格拉齐娅·维拉（MARIAGRAZIA VILLA）

食谱编写

马力奥·葛拉齐亚 主厨（CHEF MARIO GRAZIA）

摄　影

阿尔贝托·罗西（ALBERTO ROSSI）

马力奥·葛拉齐亚 主厨

百味来厨艺学院出版统筹

查托·马兰迪（CHATO MORANDI）

伊拉莉亚·罗西（ILARIA ROSSI）

贝基·皮克雷尔（BECKY PICKRELL）

装帧设计

马里内拉·提贝纳尔迪（MARINELLA DEBERNARDI）

目 录 | CONTENTS

甜品制作里的迷人科学

要知道，在家里同样能做出令人赞不绝口的美味，我们前期对食材的严格挑选，是最后成品展现完美口感的有力保证。虽说有时候纵有顶级食材，也未必能做出美味的食物，但倘若食材品质不尽如人意的话，那端出一盘色香味俱全的美食也无异于痴人说梦。同样，对工具的选择也不能随便。厨房工具的种类数量不必求多，但所用之物的质量可得牢牢把关。在这令人向往的甜品世界里，掌握一点简单的小技巧就能做出口感和品质兼备的美食。

如同日新月异的社会发展一样，甜品制作的技艺也在日渐精湛。每个人的生活各有精彩，不必为了一心追求大师级别的专业水平而强求自己埋头苦练。但是，模仿出相似的外形、口味，甚至发挥一下自己的个性创造，也是一门大学问。甜品食谱是所有食谱类别中最早被分解成多种步骤、更为精细的食谱，在其步骤的每个细节中涵盖许多成败要素，例如准备、烘焙、冷却和保存。就理论上讲，在这些详细的步骤说明之下，只要按部就班，每个人都该做出相同的食物。然而事与愿违，是因为人们往往忽视了手法技巧的重要性。这就是初次尝试烘焙的新手们，对操作内容不能很好地理解，没有过硬的技术实力的原因，所以更要尊重食谱中标明的用量、做法和操作诀窍，时刻记住甜品的最终成败一半取决于这些基本的烘焙厨艺的好坏。这就是为什么人人都赞同：熟练掌握食谱之后才能迎接创作的挑战。

家庭烘焙是为生活增添乐趣的绝佳方式，自己及身边的至亲爱人都能体会到美味的快乐。甜品与生俱来令人愉悦的魔力，在工业蓬勃发展的国家，它稳居日常饮食三分之一的"大片江山"。当然，二十年前，甜品还肩负着特别的使命（比如当作奖励，这一招对孩子特别管用——你要是表现好，就给你做个蛋糕），不过现在，蛋糕早已成为想吃就随时随处可以买到的日常食品。也许如同人们所说的那样，我们垂涎不已的东西变得富集高产、唾手可得，也许并不是一件好事。但说实话，就本质来说，这事并不坏，只是产量过剩。

将来，甜品制造业会有更多技术性的发展，在甜品两大使用原料——糖分和脂肪上追求更好品质，降低肥胖风险：它们的口感更胜以往，但是卡路里却一减再减。这样，人们对于甜品的口腹之欲才能持之以恒，不必以健康为代价就能轻松享用。甜品带来的快乐不仅仅是嘴里的甜蜜，胃里的满足，对心灵也有一样的慰藉。

伊吉尼奥·马萨里

威尼托甜品店（译注：Pasticceria Veneto，开业于 1971 年）甜品主厨，
位于布雷西亚（译注：Brescia，意大利北部城市）

母亲的温暖拥抱

从皮埃蒙特的杏仁饼干、西西里岛的卡萨塔奶酪蛋糕到上阿迪杰省的苹果卷饼，或坎帕尼亚的意式甜甜圈，这些经典的传统意大利甜品以其美味誉满全球。虽然它们的制作配方因地而异、因人而异，但无论如何，它们的制作者都能依靠品鉴美食的本能，使用优质的食材。每一款甜品的背后都能追述出一段不同寻常的往事，从遥远的古罗马时代传承至今，生生不息。

在意大利，没有人胆敢宣称自己能完全断绝甜品，这甜蜜的诱惑甚至连我们重口味饮食的祖先也无法拒绝。著名历史人物如检察官加图（译注：Marcus Porcius Cato，公元前 234—前 149 年，史称老加图。罗马共和国时期的政治家、国务活动家、演说家，公元前 195 年的萨丁执政官。老加图对拉丁文学的发展有重大影响。他是第一个使用拉丁语撰写历史著作的罗马人，也是第一个拉丁语散文作者。其著作有《创始记》、《农业志》，其坚持原则和克己饮食的作风众人皆知。在其著作《农业志》一书中，他将蛋糕称为"普拉珊塔"（placenta），毫不吝惜笔墨地形容酥松的饼底上盖满了厚实的蜂蜜奶油和新鲜的佩科里诺干酪。这款蛋糕是我们现在芝士蛋糕的前身。假设甜品在诞生伊始肩负了宗教仪式的使命，虔诚的信徒心怀奉献精神，最好的东西应当敬奉上帝而不是满足自己的私欲，还可用于见证个人或团体的某些值得纪念的神圣时刻，例如洗礼和婚礼。时至今日，甜品早已进入寻常百姓家。加布里埃尔·邓南遮（译注：Gabriele D'Annunzio,1863 年 3 月 12 日—1938 年 3 月 1 日，意大利剧作家，唯美派文学巨匠，在当时政坛上被视作与贝尼托·墨索里尼并驾齐驱的人物，在政治上颇受争议。其主要作品有《玫瑰三部曲》）称赞其为"餐桌上的奢华享受"。甜品从一开始的皇宫贵族独享，到后来风靡中产阶级，最终普及到了全社会。

意大利人的妙手创造让甜品闻名遐迩，比如意式冰淇淋（gelato）、牛轧糖（nougat）和提拉米苏（tiramisù），成功赢得了所有人的无比好感、强烈食欲和高涨热情。因为甜品占据了我们烹饪之魂里不可或缺的一席之地，它能带我们重拾童年的快乐，回味家里烘焙出的一块蛋糕里蕴藏的好味道：小小一块饼干却令人垂涎欲滴，偷偷吃口巧克力的成就感，一碟卡仕达酱所带来的安慰，意式炸小馄饨所带来的香脆盛宴。在这场以甜之名的嘉年华里，各色美食尽情款待，你怎么忍心只取一口品尝……

19 世纪的一位意大利物理学家和人类学家——保罗·曼泰加扎（译注：Paolo Mantegazza, 1831—1910 年）曾形容甜品"就像是母亲的温暖拥抱"。这句话完美解释了我们的甜品喜好为何如此难以割舍。

吉安路易吉·曾提
百味来厨艺学院 理事

意式美食里的甜蜜一隅

"品尝甜品需要的是一种与生俱来的想象力和一份诗意的欢愉感。"

阿尔贝托·萨维诺（译注：Alberto Savinio, 真名安德烈·弗朗切斯科·阿尔贝托·杰里科，Andrea Francesco Alberto de Chirico。1891—1952 年，意大利作家、画家、音乐家、记者、散文家、剧作家、布景设计师和作曲家）在《百科全书》(*Nuova enciclopedia*,1977) "甜蜜"（甜品）一章中如是写道。

甜品不同于其他食物。坦白讲，它算不上主食。是的，毋庸置疑，甜品普遍口感丰富、用料十足，食之亦能补充体力，但我们赖以生存的基本能源供给并不依靠此。取而代之，甜品存在的意义更多的是为了通过这只融于口而不融于手的甜蜜来和生活和谐共处。它给了我们嘴角上扬的微笑的力量，它告诉我们要维持生命之外极其重要的快乐。显而易见，甜品的魅力屡试不爽，香草和巧克力的香味分子能轻易虏获孩子们的心，脆饼和意式冰淇淋的味道让人欲罢不能，因为在享受甜品的时候，我们能感觉自己从填饱肚子的本能需求中解放出来，从而在味蕾的活跃之中发现纯真，体会到毫无束缚的愉悦——就算是韩塞尔与葛雷特这对可怜兄妹（译注：*Hänsel und Gretel* 故事中的主人公，又名《糖果屋历险记》）——在格林兄弟笔下这部家喻户晓的童话故事里，所见的天堂正是一座水晶糖做窗，杏仁糖做墙，香甜的牛奶和丰盛的甜点款待来客的甜蜜小屋。

如果没有一块蛋糕，没有一口尚蒂伊鲜奶油泡芙……没了天堂般美妙滋味的安抚，我们的生活将会变成什么样？我们的餐桌又会因为神奇甜品的缺席有何下场？生活注定会缺少许多诗意情趣和天使般的能量补给。要是没有了甜品，甚至连意大利人的厨房文化都会黯然失色，像现在这样升级世界饮食水平的能力更是无从谈起。在意大利，每一寸土地上都有自己的特色甜品，从最简单的到最复杂惊艳的，从街头巷尾妇孺老小都会的传统家常点心，到需要费些时间、讲究点技术的丰盛大餐。

甜品的浩瀚银河

传统意大利甜品的世界就如同浩瀚的银河系，拥有许多不尽相同的行星系。其中要数新鲜出炉的酥皮是人们恒久不变的挚爱，从裹着萨芭雍（zabaglione）馅儿的泡芙酥皮卷

到杏仁甜酒浸渍的桃肉混合以奶油的蛋白酥皮（meringue），无论哪个都让人难以拒绝。

蛋糕世界如万花筒般缤纷多彩，带我们回到儿时庆祝生日的快乐时光，从酥脆的、带着清新香气的柠檬塔到填满葡萄干和糖渍柠檬皮屑、口感绵软的葡萄干蛋糕，桌上应有尽有。别忘了餐单上少不了的饼干方阵。一个体面的饼干盒里应该装有经典杏仁饼干、杏仁软饼、美味的牛眼饼干、松脆的果酱饼干等，不胜枚举。而且，油炸的或发酵的甜品也是难以述尽，从软绵、美味的威尼斯甜品到塞满诱人奶油的意式炸小馄饨——无一不挑逗着我们的味蕾、勾起我们的食欲。就好比松露巧克力和橡皮软糖，糖果和巧克力带来的令人愉悦的罪过，是种轻而易得的快乐。最后还有意式冰淇淋和奶冻甜品带来的完美收尾，例如经典巧克力布丁乃至层次分明的意式奶油奶冻之类精致的冰镇甜品。

基础练习

同其他自尊自爱的艺术一样，甜品制作自有一套必要且基本的准备工作，通过各种方式灵活运用到众多食谱里。在这本书里，我们列举了 8 款基础配方的制作方法，为后续的甜品制作打好基础。首先从准备奶油开始入手，从奶油糖霜到经典卡仕达酱，不论哪一款，都能千变万化出各式甜品。然后学习混合淡奶油和巧克力，比如学习做人见人爱的甘纳许，它是做内馅和冰品的好选择。说起"甘纳许"名字的由来，有这样一段故事："甘纳许"源于法语，意为"错误"。相传，古代一位糊涂的面点师学徒不小心把热奶油洒在了巧克力块上，于是将错就错，创造出了著名的"甘纳许"。

接下来就是学习所有常用的饼底制作：比如入口绵软可口的海绵蛋糕（在意大利，被称为 Pan di Spagna，又或是西班牙面包）。它的问世可以追溯到 18 世纪中期的西班牙，由受雇于多梅尼科·帕拉维奇尼侯爵（marchese Domenico Pallavicini）、名叫吉奥巴塔·嘉宝纳（Giobatta Cabona）的热那亚厨师创制。海绵蛋糕，极其适合抹上奶油或果酱。酥塔皮，是各式馅饼和许多甜品中不可或缺的组成部分，优质的酥皮经常用在香甜和酥脆兼顾的甜品里，比如它常出现在卡诺里卷和许多分层蛋糕之中，例如外交官蛋糕、千层蛋糕。蛋糕卷（也被称为"烤过的饼皮"）柔软的糕体极富可塑性，它可以完美地做出卷状甜品，以及酒渍蛋糕。最后，奶油泡芙酥皮与香甜可口的内馅是无与伦比的绝妙搭配。相传在 1540 年，这种饼底由法国王后凯瑟琳·德·梅第奇（译注：Catherine de Médicis，瓦卢瓦王朝国王亨利二世的妻子和随后三位国王的母亲）的主厨——帕特莱利（译注：Pantarlli）发明。

亘古的甜点

许多意大利甜品，无论其出生平凡还是高贵，都历史悠久。

古罗马人嗜甜如命，或许因为他们的烹饪特别注重特色风味和辛辣口感，许多古罗马时期的甜品至今仍为我们所熟悉。从 linbum primum——一种蜂蜜调味的甜面包，luncunculus——奶油泡芙的祖先之一，到 globus——近似于我们现在吃的油炸甜甜圈，还有各式各样的芝士和蜂蜜搭配核桃、大枣或葡萄干、松子仁的甜品，它有点像撒丁岛的 sebadas（译注：一种用油煎的酥点心）。

嘉年华糖霜条的历史同样悠久。它是甜甜的条状面食，通常的做法是入锅油炸或是烤箱烘烤，然后在其表面撒上糖霜，这款甜品是嘉年华狂欢节期间喜闻乐见的传统美食，也变化出了各种做法，叫法不一，遍布意大利所有地区。油炸馅饼可以追溯到古罗马时期，在那时，它是一种被称作"frictilia"的小披萨，用小麦粉、蜂蜜做好后放在猪油里煎炸而成，古罗马人用以庆祝利柏拉里亚节——每年春天用来祭祀利柏耳·佩特（意大利古代掌管农业和丰收以及自由、酿酒和愉悦的神明）的常规活动。

一些甜品在饮食文化诞生伊始就已显露端倪，从天上的神明到地上的凡人都能享用。比如意式斜切短通心粉，它由小麦粉做成，搭配蜂蜜、巴旦木、煮沸的葡萄汁和一些调味品，有时候还淋上巧克力，普及于意大利中部和南部地区，各地都有其特色做法。在圣弗朗西斯的传记中"金石至善论"（译注: *Speculum Perfectionis Seu S. Francisci Assisiensis Legenda Antiquissima Auctore Fratre Leone*，1898 年）一章中描述了圣方济各生命的最后时刻，这位谦卑的亚细亚修道士如同孩子般天真无邪地要求罗马伟人贾科玛·蒂·西施西里为他做这些甜食。

甜蜜仪式

意大利的糕点店中许多招牌甜品都有宗教渊源——在一些特殊的宗教节日里，不论是为了祈愿还是庆祝，甜品代表了虔诚的信仰，例如"圣约瑟炸面圈"——每年 3 月 19 日，意大利各地都会准备一种甜品——油炸甜甜圈——里面填满了卡仕达酱，上面还点缀着糖渍酸樱桃。在基督教日历中，是以这天纪念圣约瑟的。还有些是因特殊的私人活动制作而成的甜品，现在则被赋予了更全球化、社会化的意义，比如在 15 世纪晚期，在曼图阿初次问世的布里欧修玫瑰蛋糕，就是为了庆祝曼图亚大公弗朗西斯科二世和伊利莎贝拉·德·埃斯特的婚礼而制的。

还有一些甜品出自某些人的私心，后来转变为一个宗教节日的标志性食品，其中最耳熟能详的例子就是米兰圣诞节蛋糕，又名潘妮朵尼。关于它的由来，有这么一种说法：在 15 世纪，一位住在格拉奇的名叫梅瑟·乌盖托·阿特拉尼的养鹰人，爱上了面包店老板的漂亮女儿奥吉莎，于是他到面包店拜师学艺，当起了学徒，为讨好姑娘和未来的岳父，他发明了这个甜蜜糕点，赢得了所有人的好感。最后，这个配方演变成了全意大利庆祝圣

诞节的国民甜品。

从另一方面来说，一些原来用于庆祝宗教活动的甜品，如今已成为日常食物，主要因为它们制作起来比较简单。比如 1920 年发明于佩斯卡拉的阿布鲁佐圣诞蛋糕，就是甜品师路易吉·达米科为庆祝圣诞节而做，它源于阿布鲁佐农民自古流传的一种甜面包。而它的意大利名字——"parrozzo"，是意大利著名诗人和作家加布里埃尔·邓南遮用"pane rozzo"（粗糙的面包）组合而成，强调它不那么高贵的出身。而如今，它已成为传统的地方特色甜品，不再与圣诞节有什么紧密的联系。

将满心的爱意亲手做进甜品里

家庭烘焙的观念在一个国家（如意大利）的文化里根深蒂固，甜品与时俱进，同时又与农业社会的发展紧密联系，曾经的甜品并不是每天习以为常的餐食之一，而是特定于某些宗教场合，他们的准备工作通常都是"在家"完成，并且因为亲手准备也是庆典活动的环节之一，所以更不会去甜品店里买现成的。

亲手制作甜品时，可以精挑细选各种原材料，再加上一些自己独一无二的创作灵感，也许没有至善至美的专业技艺，但是一片心意价值连城。它能抚平焦虑、不悦，满足对爱的渴望，它还能教会我们如何诗意地生活于世，扩展出人生的宽度和广度，唤起内心深处的激情，磨炼我们的意志，使我们时刻保持一颗柔软感性的爱心，拥有充满温情的人际关系。

甜蜜传统

在本书中，百味来厨艺学院——一个国际化中心，致力于将纯正的意大利美食文化传播到世界各地，精挑细选出超过 120 款适合家庭烘焙的意式甜品配方，授人以渔。其中，不乏令意大利人引以为傲的传统之作，其经典流传的美味声名远播，备受世界人民的喜爱，已成为我们生活的"必需品"。意式奶冻——家喻户晓的西西里岛布丁在瓦莱达奥斯塔（译注：Valle d'Aosta，意大利的省份之一，位于意大利西北部，为特别自治区，是意大利最小的行政区）早已扎根于百姓餐桌；苹果卷饼是上阿迪杰省当地特色甜品中的第一块宝；那不勒斯的复活节蛋糕、巴巴酒香蛋糕、表皮起皱的泡芙，还有那不勒斯的油炸面包圈，都被视为那不勒斯这座城市的标志性甜食；酥粒蛋糕让曼图阿（译注：Mantua，意大利伦巴第大区曼托瓦省省会）引以为傲；卡萨塔奶酪蛋糕、卡诺里卷和格兰尼塔雪泥成为西西里岛传统甜品的必修课；意大利香草杏仁饼干条被誉为普拉托（译注：Prato，意大利中北部城市，托斯卡纳大区普拉托省的首府，位于亚平宁山脉西北麓，临比森齐奥河，东南距佛罗伦萨 16 公里）的荣耀，搭配一杯桑托酒，滋味妙不可言；其他还有克雷莫纳的牛轧糖、皮埃蒙特的巧克力、安摩拉多利口酒香曲奇布丁、库尼奥朗姆酒蛋白饼、无法超

越的威内托提拉米苏……然而还有很多其他经典意式甜品，随着历史变迁、广泛传播，已追溯不到其发源地。比如说意式冰淇淋，位列国民满意饮食之列，每一口都饱含着我们的梦想。贾尼·罗大里（译注：Gianni Rodari，1920 年 10 月 23 日—1980 年 4 月 14 日，生于意大利北部小城奥梅尼亚，20 世纪最伟大的儿童文学作家之一，著作有《洋葱头历险记》《吹牛男爵历险记》等）笔下描绘的故事里，在博洛尼亚老城里的马乔列广场（译注：Piazza Maggiore，建于 13 世纪，位于博洛尼亚老城市中心，其周围环绕着数座文艺复兴和中世纪时期的建筑和地标）上，有一幢全部由意式冰淇淋建造而成的房子，屋顶盖满了奶油，蜜饯水果堆砌的烟囱里吐着一朵朵棉花糖烟圈。故事中的人物们无不都恣意品尝，越吃越爱吃，因此"这是如此至关重要的一天，而且医生们宣称没有人因为痛快吃冰而遭受胃痛之苦"。

还有一些甜品在潜移默化中，与当地饮食相互影响，自成一派，无关乎原来的异国血统，反而发展成为地道的意大利美食。这些美食都被收进了意式甜品大家庭中，是因为它们都秉持着同样的准则——对于高品质基础食材的尊重与热爱，简单可以变得优雅，复杂可以变得朴素，非凡灵巧的动手能力，还有最重要的是，乐于奉献。因为每一款甜品都是一种文化精粹，也是生命力的体现，不仅是填饱肚子的生存需求，更是享受生活的精神满足。

BASIC DESSERT RECIPES

基础甜品配方

"如今编写一本甜品食谱，意味着一场以知识和口味相互交融为题的探讨"，这句话出自意大利第一甜品师——伊吉尼奥·马萨里之口。所言属实，甜品的宇宙里不仅包含了特色和独具风味的完美结合，还包含着知识的世界，就意大利甜品而言，传承百年，积淀至今。"基础甜品配方"一章中涉及了一部分基础知识和常见口味的调制，这些都是为了打好迈向甜品制作之路的"基石"。比起单独食用，基础配方中的成品更适合用作原材料，以搭配组合成更完整的"建筑作品"。简而言之，参考这些做法和步骤讲解，你将知道该做什么和怎么去做，可以为之后做出复杂精致的甜品打好基础。

在"基础甜品配方"中，混合物可细分为干性、打发和发酵，奶油也有填馅和裱花之分，如同一个个字母——独立存在的字母只有谙熟于心后才能被辨识出来，然后才能知道如何灵活运用，组合成单词、编写出句子、撰写出美文。

就拿酥塔皮的配方来说，把它用在许多种类的饼干制作中同样美味。比如牛眼饼干，配上一杯茶简直妙不可言，或者做成经典果酱塔也很不错。这些不仅能被举一反三地用于类似的甜品配方中，还能改变成巧克力口味，进而千变万化出更为复杂、更加诱人的甜品来。再者如海绵蛋糕，简单的甜品中定少不了它，经过酒渍加工后就是一款基础饼底，与巧克力这样口感浓醇的甜品相得益彰。这款基础蛋糕可以占据撒满闪闪糖霜的扇子饼干中间夹馅的重要位置，也可置于杏仁奶油樱桃蛋糕里，作为包裹住浓郁香甜内馅的蛋糕胚。

许多甜品制作时会结合运用很多基础配方，例如黑松露蛋糕，同时需要海绵蛋糕和巧克力奶油霜，再盖有一层巧克力；或是香蕉巧克力馅饼，里面填满了朗姆酒火焰煮过的水果，再用厚实的甘纳许抹面。

因此，若要享受家庭烘焙制作完美甜品的乐趣，第一步就是学习掌握基础配方。道理和上学读书一样，学习总是从最基础的课程开始，然后慢慢循序渐进到专业所长，最终取得学位。一个人永远不能失去探索真理的心气儿，不能满足于成为自以为无所不知、止步于新的专家。所以掌握一门学问的基本原理，打好基础是关键。制作甜品不失为拓展和放松心灵的一种方式，而扎实的基础学习正是日后手艺渐长、征服新世界的安心保障。

奶油糖霜（Crema al burro）

难度系数 1

可制作约 30 盎司（850 克）奶油糖霜
总耗时：15 分钟

原味 配料
3/4 量杯 +2 汤匙（200 克）无盐黄油（室温软化）
2 量杯（240 克）糖粉
约 1½量杯（360 克）卡仕达酱
约 0.3 盎司（10 克）榛果酱
8 茶匙酒精度 70% 的朗姆酒

做　法
　　为厨师机安装好搅拌头，将室温软化后的无盐黄油倒入容器内，加入糖粉搅拌至顺滑。再加入卡仕达酱、榛果酱和朗姆酒。可依照个人口味酌量添加。

巧克力口味 配料

1/3 量杯（30 克）无糖纯可可粉

3 盎司（约 85 克）黑巧克力（完全切碎）

做 法

　　要制作巧克力口味奶油糖霜，只需在卡仕达酱中加入无糖纯可可粉和黑巧克力碎屑即可。

卡仕达酱（Crema pasticciera）

难度系数 1

可制作约 32 盎司（900 克）卡士达酱
总耗时：25 分钟（15 分钟制作 +10 分钟烹饪时间）

配　料
4 个蛋黄
3/4 量杯（150 克）细砂糖
约 1/3 量杯（40 克）玉米淀粉
约 2 量杯（500 毫升）牛奶
1 根香草荚

做　法
　　将牛奶倒入奶锅中，香草荚剪开取籽全部放入牛奶中，加热至微沸。
　　同时，在干净的碗里倒入蛋黄和细砂糖搅拌均匀，然后加入过筛的玉米淀粉，充分拌匀。
　　取出锅内的豆荚壳，倒一些热牛奶到蛋黄面糊中，搅拌均匀使其适应奶液的"热度"，然后再倒入全部热牛奶，拌匀。
　　将所有混合物倒回奶锅中，继续小火加热，不停搅拌至液体变黏稠即可。
　　最后将制作好的热卡仕达酱盛入合适的容器中，冷却即可使用。
　　要做成巧克力口味的话，在煮沸的卡仕达酱中，趁热加入无糖纯可可粉和黑巧克力碎屑，拌匀即可。

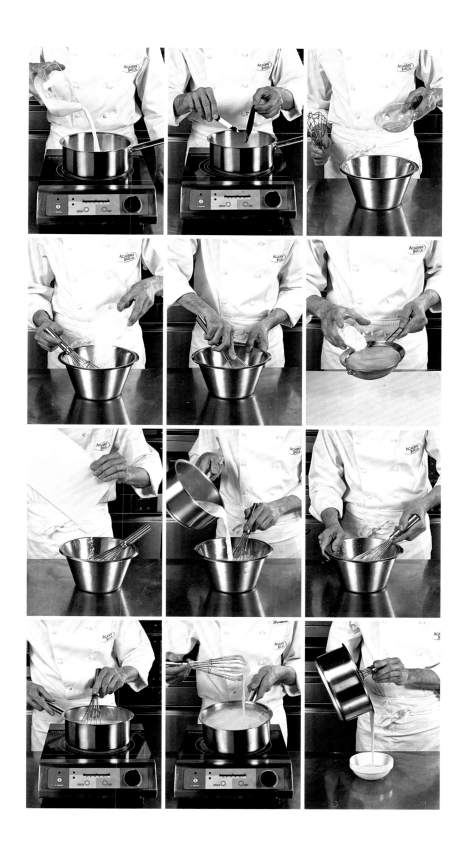

巧克力甘纳许（Ganache al cioccolato）

难度系数 1

可制作约 7 盎司（200 克）巧克力甘纳许
总耗时：10 分钟

配　料
3.5 盎司（约 100 克）黑巧克力
约 1/2 量杯（100 毫升）淡奶油
2 茶匙（10 毫升）葡萄糖浆（根据个人口味添加）

做　法
黑巧克力切成碎块装入碗中。

用小锅加热淡奶油和葡萄糖浆（没有可不加），液体微沸后倒入装有巧克力碎屑的碗中，融化巧克力碎屑。

手持硅胶刮刀（注意不要使用打蛋器，这会混入多余空气造成气泡）轻轻搅拌至液体浓稠，如丝般顺滑即可。

海绵蛋糕（Pan di spagna）

难度系数 2

可制作 2 个 8 英寸（直径为 18—20 厘米）的海绵蛋糕
总耗时：40 分钟（20 分钟制作 +20 分钟烘烤时间）

原味 配料
5 个鸡蛋
1 量杯减去 4 茶匙（185 克）细砂糖
1.5 量杯（185 克）低筋面粉
3 茶匙 +2¼ 汤匙（30 克）马铃薯淀粉

1 茶匙蜂蜜
适量柠檬皮屑
1 小撮香草籽
少许黄油（涂抹蛋糕模具用）
少许面粉（涂抹蛋糕模具用）

做 法

　　用隔水加热的方法，慢慢温热加入了细砂糖和蜂蜜的蛋液。待细砂糖、蜂蜜与蛋液完全混合后，用打蛋机将其打发。

　　向打发的蛋糊中加入柠檬皮屑。将低筋面粉、马铃薯粉和香草籽混合后拌匀过筛，筛入蛋糊。为防止打发的蛋糊消泡，刮刀要轻柔翻搅，至面糊无干粉。

　　在蛋糕模的内壁上抹好黄油，撒上面粉，将搅拌好的面糊均匀地倒入模具中，倒至模具的 2/3 即可。最后将其送进预热过的烤箱，350 ℉（170℃）烘烤 20 分钟即可。

巧克力口味 配料

4 个鸡蛋、1/2 量杯 +2 汤匙（125 克）细砂糖、约 3/4 量杯 +8 茶匙（115 克）低筋面粉、1/4 量杯 +2 茶匙（25 克）可可粉、约 2 汤匙（30 克）、无盐黄油（事先融化，冷却至室温）、1 小撮香草籽

做　法

　　要做巧克力口味的海绵蛋糕，同样需要隔水加热倒入细砂糖的蛋液，搅拌几下，待细砂糖溶解在蛋液中后，将其打发。低筋面粉、可可粉、香草籽拌匀后过筛，筛入蛋糕，最后再拌入黄油液。在蛋糕模具的内壁抹上黄油，撒上面粉，将面糊平均分于 2 个蛋糕模中，送进预热过的烤箱，350 ℉（170℃）烘烤 20 分钟即可出炉。

酥塔皮（Pasta frolla）

难度系数 1

可制作约 2.6 磅（1.2 千克）的酥塔皮
总耗时：1 小时 20 分钟（20 分钟制作 +1 小时静置时间）

原味 配料

4 量杯（500 克）中筋面粉（过筛）

1⅓ 量杯（300 克）无盐黄油（室温软化）

1¼ 量杯（250 克）细砂糖

2 个鸡蛋

1 个蛋黄

1 小撮香草籽

1 小撮盐

1 小茶匙（3 克）泡打粉（根据个人情况添加）

做 法

在硅胶垫上（或用厨师机），将黄油块、细砂糖混合搓成碎屑，再加入 1 小撮盐、全蛋蛋液、蛋黄拌匀。

面粉、泡打粉（没有可不加）、可可粉（如果是做巧克力口味）、1 小撮香草籽拌匀后过筛。将全部粉类加入黄油和糖的混合物中。快速将其拌匀后擀成厚度均匀的饼坯。

用保鲜膜包裹后放入冰箱冷藏至少 1 小时，方可使用。

巧克力口味 配料

4量杯中筋面粉（500克），过筛；1¼量杯（285克）无盐黄油（室温软化）；1¼量杯（250克）细砂糖；1个鸡蛋；3个蛋黄；1/4量杯+2茶匙（25克）无糖可可粉；1小撮香草籽；1小撮盐；1小茶匙的泡打粉（根据个人情况添加）

做 法

要做巧克力口味的酥塔皮，将过筛的面粉与泡打粉（没有可不加）、无糖可可粉和香草籽混合拌匀。再将其倒入黄油、细砂糖和盐的混合物中，将它们揉成粗粒状，整形后冷藏即可。

奶油泡芙酥皮（Pasta per bignè）

难度系数 1

可制作约 50 个奶油泡芙
总耗时：45 分钟（25 分钟制作 +20 分钟烘烤时间）

配　料

1/3 量杯 +4¼ 茶匙（100 毫升）水

1/2 量杯（60 克）低筋面粉

3 汤匙 +1⅓ 茶匙（50 克）无盐黄油（室温软化）

2 个鸡蛋

1/8—1/4 茶匙（1 克）盐

做　法

　　将黄油和盐倒入水中，加热至沸腾。

　　将全部面粉一次性加入上述混合物中，混合后继续在火上加热。用刮刀不断翻搅以免糊底，直至锅底粘上一层面粉糊化后的薄膜。

　　这时锅离火，把其中的面糊倒入干净的碗中。再向其中分次少量地加入鸡蛋液，每加一次都需搅拌均匀后再加。

　　最后把混合好的面糊装入裱花袋，挤在烘焙油纸上。

　　烤箱温度设在 375—400 ℉（190—200℃），烘烤 20 分钟。在最后 10 分钟的烘烤时，将烤箱门微开一条缝再接着烤。

蛋糕卷（Pasta per rotoli）

难度系数 1

可制作一个 12×15 英寸（约 30×40 厘米）烤盘大小的蛋糕坯
总耗时：27 分钟（20 分钟制作 +5—7 分钟烘烤时间）

经典原味 配料

3 个鸡蛋

1/3 量杯 +2 茶匙（75 克）细砂糖

约 7½ 茶匙（20 克）低筋面粉

约 2½ 茶匙（7 克）马铃薯淀粉

1/2 段香草荚

1/4 个柠檬皮屑

做　法

　　要制作原味蛋糕卷，先分蛋，将蛋黄和蛋白分开放置。取 6 茶匙（25 克）细砂糖放入蛋白中，蛋白和细砂糖混合后打发至搅拌头可拉出尖角。取另一只碗，倒入剩余的细砂糖，和蛋黄混合并打发。

　　将低筋面粉和马铃薯淀粉混合后过筛，加入香草荚（剥开取籽）和柠檬皮屑备用。

　　将蛋黄糊加入打发蛋白中均匀混合，将过筛后的粉类倒入其中，用硅胶刮刀以向上翻搅的方法，将面糊轻柔搅拌至无干粉状态。

　　将面糊倒入铺好油纸的烤盘中，450—475℉（240℃左右）烘烤 5—7 分钟。

　　烤好后去掉油纸，将蛋糕片卷起来即可。

巧克力风味 配料

3 个鸡蛋、1/3 量杯 +3/4 茶匙（65 克）细砂糖、约 7 茶匙（18 克）低筋面粉、11¼ 茶匙（30 克）马铃薯淀粉、8½ 茶匙（15 克）可可粉、1/2 段香草荚

做 法

要做巧克力味蛋糕卷，首先要分离蛋黄和蛋白。取 6 茶匙（25 克）细砂糖放入蛋白中，将蛋白和细砂糖混合后打发至搅拌头可拉出尖角。取另一只碗，倒入剩余的细砂糖，和蛋黄混合并打发。

低筋面粉、马铃薯淀粉和可可粉拌匀后过筛，然后加入香草荚（剥开取籽）备用。

将蛋黄糊加入打发蛋白中均匀混合，将过筛后的粉类倒入其中，用硅胶刮刀以向上翻搅的方法，将面糊轻柔搅拌至无干粉状态后倒入铺好油纸的烤盘中，450—475 ℉（240℃）烘烤 5—7 分钟。

烤好后去掉油纸，将蛋糕片卷起来即可。

千层酥皮（Pasta sfoglia）

难度系数 1

可制作约 2.6 磅（1.2 千克）千层酥皮
总耗时：2 小时

起酥黄油 配料
约 2¼ 量杯（500 克）无盐黄油
约 1¼ 量杯（150 克）普通面粉

面团 配料
约 2¾ 量杯（350 克）普通面粉
3/4 量杯（180 毫升）水
约 1½ 茶匙（10 克）食盐

做　法

　　首先准备起酥的黄油：黄油切成小块，与面粉混合，在硅胶垫上揉匀成团，然后擀压成片状。将其放入冰箱冷藏 30 分钟以上备用。

　　准备面团：将配料中的面粉、食盐和水混合，在硅胶垫上和面，直至面团光滑后，放入冰箱冷藏、松弛至少 20 分钟。

　　用擀面杖擀开面团，将黄油块放在面皮之上居中位置，翻折起面皮四角，将黄油完全包裹于其中，稍加擀压，使其成为 3/4 英寸（2 厘米）左右厚的四方形。

　　用保鲜膜将其包好后放入冰箱冷藏、松弛至少 20 分钟。

　　按图所示，重复折叠步骤 3 次，面饼擀开成四方形然后折叠。每一次折叠面团都要向反方向翻转，并且冷藏静候至少 20 分钟以使其松弛，再进行下一次折叠。

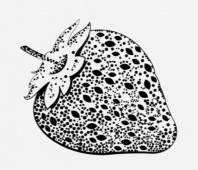

FRESH AND FRUIT PASTRIES

新鲜美味果漾甜品

经典童话故事里的蓝仙女在宴会餐桌两旁精心准备了整整四百块抹着黄油的香喷喷的吐司，为匹诺曹热热闹闹地庆祝了他的第一个生日。生日宴会固然惊喜，但身为甜品老餮可以肯定的是，这番庆祝还能美味升级。不妨大胆想象一下，把吐司高山换成四百份鲜果酥塔的海洋又会是一番什么景象呢？散发着诱人香气的奶油酥塔、卡仕达酱和巧克力榛果酱绵柔的口感挑动味蕾，清甜的苹果馅与蜜糖共奏一曲甜蜜华尔兹，无人能抗拒的巧克力蘑菇、奶香十足的里科塔奶油卷、时髦女郎般精致的奶油蛋白饼、让人难以移开视线的幸运泡芙塔，还有那夹着尚蒂伊鲜奶油的千层酥……如果匹诺曹当年有幸受到如此丰盛的款待，那他的人生想必也会被这入口的美味点明方向。

在这星球浩瀚的甜品银河里，时令鲜果做成的甜品无疑是最具杀伤力的。从小这些美味就能让我们垂涎欲滴，路过街边的甜品店时，每个人的鼻子都忍不住紧紧凑上橱窗贪婪地吸着空气里弥漫的香甜分子。长大以后，我们会为自己亲手做出第一个完美的玛琳饼或豪华的松露蛋糕而欣喜雀跃。烘焙世界之神奇，让我们知道用杏仁饼填满的蜜桃烤一烤是何等简单又美味，巧克力又如何摇身一变，好吃得让人停不下口。

新鲜水果起酥蛋糕自有其惹人怜爱之处。就好比宫廷点心出身的苏黎世蛋糕——由巧克力薄酥皮、尚蒂伊鲜奶油、奶油果仁和黑巧克力制作而成，顶部点缀着白兰地浸渍的樱桃，如宝石般晶莹。这款点心最早诞生于 20 世纪 30 年代，出自一位名叫乔治白·卡斯蒂诺的点心御厨之手。这位来自皮内罗洛的御厨，在都灵奉尤兰达·萨沃伊公主之命，为在苏黎世举办的府邸宴会准备甜品以款待来访宾客。而外交官蛋糕则是得名于它的外交经历：它看似只是一款寻常的蛋糕——分为上下两层千层酥皮，每层酥皮上放有海绵蛋糕，并在中间填满了香甜奶油——却因为在 1454 年被帕尔马公爵的外交使臣当作礼物送给了米兰公爵弗朗切斯科·斯福尔扎，从而赋予了这款蛋糕不同寻常的"身份"。

这一章节中罗列的许多点心都是意大利传统甜品，从某种意义上讲，每一口都透着意大利人的美食精神，并随着贝尔培斯奶酪迅速征服了全世界的味蕾。然而另一方面，吃货们的美食创作灵感与时俱进喷涌而出。就像卡萨塔奶酪蛋糕——一道源自意大利西西里岛的经典甜品，历史上在阿拉伯人占领统治时期，一位住在巴勒莫修道院里的宫廷厨师于公元 998 年创造出了它。这道贵族点心的名字来自阿拉伯语，意思是：大而圆的碗。

说到苹果卷饼，它可真称得上是特伦托－上阿迪杰当地引以为傲的甜品，它似乎带着阿拉伯血统。在土耳其流传了几个世纪，至今仍广受欢迎的传统点心"果仁蜜饼"（Baclava）也因此有了一位意大利"近亲"。在这里，是一块用苹果丁、核桃仁或者其他果仁做馅料的香味十足的甜品卷。土耳其入侵匈牙利后，在从 16 世纪上半叶到 18 世纪长达将近两百多年的统治期间的某一天，苹果卷饼问世了。苹果卷饼最早用、最常用的馅料和今天的一样：苹果。这就是为什么苹果卷饼被特伦托－上阿迪杰人自夸不已的原因所在了——最高品质的苹果产地在此，苹果卷饼自然极负盛名。

奶油泡芙（Bignè alla crema）

难度系数 2

4 人份

总耗时：40 分钟

主体泡芙 配料

4.25 盎司（约 120 克）卡仕达酱

4.25 盎司（约 120 克）巧克力口味卡仕达酱

4.25 盎司（约 120 克）榛果口味卡仕达酱

12 个生奶油泡芙坯

约 0.25 盎司（6 克）酥塔皮

约 0.25 盎司（6 克）巧克力口味酥塔皮

制作翻糖糖衣 配料

1 量杯（200 克）白砂糖

1 盎司（约 30 克）葡萄糖浆

8 茶匙（40 毫升）水

做　法

　　要制作花式奶油泡芙，在烘焙之前，在每一个生奶油泡芙坯上盖上一片酥塔皮（酥塔皮大小略小于面团）。

　　要准备 4.25 盎司（约 120 克）榛果口味卡仕达酱很简单，只需将 0.3 盎司（约 10 克）纯榛果果酱与 4 盎司（约 110 克）原味卡仕达酱调和即可。

　　用裱花袋配以细长形裱花嘴，并向其中分别装入不同口味馅料。如果泡芙顶部要裹翻糖糖衣的话，就在泡芙坯的顶部戳洞填馅；反之，若要保留原泡芙坯状态，则在底部戳洞填馅。

　　泡芙填馅完成后，将其放入冰箱冷藏备用。

　　制作翻糖糖衣，用小的，最好是铜质的平底锅来加热白砂糖、葡萄糖浆和水。用厨房用温度计测温，糖水需加热到 244 °F（118℃），用湿润的烘焙毛刷刷动以防底部烧糊。

　　缓慢地将糖液倒在微湿的大理石台面上，冷却 3—4 分钟后，用一把牢固的木铲刀，从糖液四周向中间翻动。经过数分钟的翻搅后，糖膏恢复成均匀的白色。

　　将糖膏装入塑料袋。如果不是立即使用，需要将其保存在干燥的地方。

　　使用时，隔水融化糖膏，可加入食用色素，以改变糖液颜色，亦可使用原色糖液。从冰箱取出事先做好的泡芙，把泡芙顶部浸入糖液以裹上翻糖糖衣即可。

尚蒂伊鲜奶油泡芙（Bignè chantilly）

难度系数 1

4 人份
总耗时：15 分钟

主体泡芙 配料
约 1¾ 量杯（200 克）打发甜奶油
10.5 盎司（约 300 克）卡仕达酱
16 个奶油泡芙坯（进烤箱烘烤前顶部撒砂糖）

顶部装饰 配料
适量糖粉

做　法
　　横切烤好的奶油泡芙坯，将切下的顶盖置于一边待用。
　　向裱花袋装入卡仕达酱后，挤于泡芙底座的中间位置。然后用裱花袋搭配星型裱花嘴，围绕卡仕达酱内馅，在泡芙边缘挤上打发甜奶油作为花边。
　　盖上刚刚放于一边的顶盖。
　　将做好的泡芙放入冰箱冷藏。
　　品尝前，在每个泡芙顶部撒些糖粉即可。

尚蒂伊鲜奶油（Chantilly cream）
　　在意大利，大部分"尚蒂伊鲜奶油"都是由卡仕达酱和打发淡奶油混合而成，本配方亦是如此。追溯其历史，尚蒂伊鲜奶油（crème chantilly）这一名字直接取自法语，意为甜美的、充满香味的（经常加入香草）打发淡奶油。在 16 世纪，打发甜奶油已被人们熟知，它还有一个诗意的名字——牛乳雪花。不过，人们传统地认为它诞生于 17 世纪，由尚蒂伊城堡的膳食主管弗朗索瓦·瓦德勒（Francois Vatel）发明。尚蒂伊城堡坐落于法国北部，由家势显赫的几代人逐步建成，城堡内设立了恭德博物馆（Musée Condé，为了保护城堡内收藏的大量古董及名画免受法国大革命破坏或散落民间，这些画作和艺术品于 1886 年被捐赠给法兰西学院。城堡内的一切陈设布局都保持着 19 世纪时的样子，一切都原汁原味，后改名为 "恭德博物馆"，并对公众开放），收藏了大量名贵画作，包括意大利艺术作品和古籍手稿。

萨芭雍奶油酥皮卷（Cannoli di sfoglia allo zabaglione）

难度系数 2

4—6 人份

总耗时：50 分钟（30 分钟制作 +15—20 分钟烘烤时间）

酥皮卷 配料

约 12.5 盎司（350 克）千层酥皮面团

1/4 量杯（25 克）榛果碎果仁

适量白砂糖

萨芭雍奶油 配料

4 个蛋黄

1/3 量杯 +1 汤匙（80 克）细砂糖

2/3 量杯（160 毫升）马尔萨拉白葡萄酒

1 汤匙（8 克）低筋面粉

1 汤匙（8 克）玉米淀粉

做 法

先准备萨芭雍奶油：用奶锅加热马尔萨拉白葡萄酒，同时，分蛋取蛋黄，并将蛋黄与细砂糖倒入同一碗中打匀。将低筋面粉和玉米淀粉拌匀后过筛加入蛋黄混合液中，搅拌均匀。取一点热酒倒入面糊中搅拌，使其适应热度，然后慢慢倒入全部加热的马尔萨拉白葡萄酒，拌匀。再将全部面糊再倒入奶锅中煮沸，萨芭雍奶油就基本做好了。将煮好的萨芭雍奶油盛入合适的容器中冷却待用。

准备酥皮卷：在案板上，将千层酥皮面团擀成 1/8—1/16 英寸（2 毫米）左右厚的面饼。将其分割成宽约 1/2 英寸、长约 6 英寸（1.5×15 厘米）的长条。

将长条缠绕在特制的奶油卷专用金属模具上，这样每绕一次，圈与圈之间都能恰到好处地连接在一起。

将定型完毕的酥皮卷放入白砂糖里滚一下——只需在一侧表面上轻压一层"糖衣"。完成后平铺在烤盘上，蘸有"糖衣"的一面朝上放置。

将烤箱调至 400 ℉（200℃），烘烤 15—20 分钟，将酥皮烤透，糖衣焦黄即可。

将酥皮卷取出冷却后脱模，用裱花袋将萨芭雍奶油挤入卷内。

最后，酥皮卷两头用榛果碎果仁装饰即完成。

完美萨芭雍奶油的制作法则

萨芭雍的美味毋庸置疑，其所有意式做法的配料都是鸡蛋、糖和葡萄酒（特别是甜酒，如马尔萨拉）。它有上百年的历史、数不尽的传说，其起源和命名众说纷纭，但对于如何做出口感完美的萨芭雍奶油，人们心中的标准却默契统一：首先，鸡蛋一定要非常新鲜，分蛋时要十分小心，蛋黄要完全分离于蛋白。其次，盛放蛋黄和葡萄酒的碗和锅必须是不镀锡铜质或者不锈钢铁质。碗或锅在小火上加热或隔水加热时，要时刻注意碗内温度不能过高，不然奶油液容易糊在碗底，当然，用搅拌棒或木勺不停地搅拌也是很重要的，一直搅拌至液体变稠并充分打发。最后，奶油液煮好后要立刻离火，盛入干净的碗或碟中冷却。若留在原容器中，残余的热度会继续加热里面的液体，改变奶油的口感。

西西里卡诺里奶油酥卷（Cannoli siciliani）

难度系数 2

4 人份

总耗时：1 小时 2 分钟（30 分钟制作 +30 分钟静置 +2 分钟烘烤）

酥皮 配料

1½ 量杯 +2 汤匙（200 克）普通面粉

3 汤匙 + 约 1/4 茶匙（25 克）马铃薯淀粉

2 汤匙（25 克）细砂糖

2 个鸡蛋

1/4 量杯减去 2 茶匙（50 毫升）马尔萨拉白葡萄酒

4¼ 茶匙（20 克）无盐黄油

1 小撮食盐

适量特级初榨橄榄油（油炸用）

内馅 配料

1 量杯（250 克）新鲜里科塔奶酪

1/2 量杯（100 克）细砂糖

1.75 盎司（约 50 克）糖渍橙皮

1.75 盎司（约 50 克）巧克力碎粒

装饰 配料

开心果碎果仁

糖渍橙皮

做 法

在案板上和面。将面粉、马铃薯淀粉、黄油、细砂糖、盐和蛋液揉搓后加入马尔萨拉白葡萄酒。将其揉成光滑面团后静置，松弛半小时。

在此期间准备内馅。用筛网过滤新鲜里科塔奶酪中的多余水分，然后将奶酪与细砂糖混合。再向其中加入糖渍橙皮和巧克力碎粒。将准备好的内馅放入冰箱冷藏待用。

将之前揉好的面团擀平，改刀成直径 4 英寸（约 10 厘米）的面皮，并将其卷于管状模具上。再将裹上面皮的模具在足量滚油中炸 1—2 分钟，待表皮金黄即可，捞出后放在厨房吸油纸上滤油并冷却，然后脱模。

将用里科塔奶酪做成的馅料装入裱花袋，挤入上一步冷却的酥皮空心卷中。最后在酥卷两头蘸些开心果碎果仁，在盘上点缀一点糖渍橙皮即可上桌啦！

里科塔奶酪——地方特色美食

里科塔奶酪是西西里岛人的经典发明之一。为了保证奶酪融化的美妙口感，必须选用非常新鲜的、被压制而成的羊乳里科塔奶酪。它构成了西西里岛两大著名美食——卡诺里奶油酥卷和卡萨塔奶酪蛋糕的核心，不仅如此，因其细腻的口感，也让它成为许多当地特色美食中不可或缺的点睛之笔，比如圣朱塞佩炸面圈、来自巴勒莫的（译注：Palermo，位于西西里岛西北部，是西西里岛首府）酥软美味的油炸馅饼（Sfince Di San Giuseppe），还有 12 月 13 日早晨按习俗准备的圣露西娅小麦麸皮奶酪粥（Cuccìa Dolce Di Santa Lucia），以及塞满馅料的萨尤酥饼（Sciù）。如何搭配取决于准备何种甜品，可以是小块巧克力、开心果碎果仁和糖渍橙皮，也可以是樱桃等，它们和里科塔奶酪搭配在一起都很美味。

煤块糖果（Carbone dolce）

难度系数 1

4 人份

总耗时：30 分钟

主体糖果 配料

2½ 量杯（500 克）细砂糖

3/4 量杯 +4½ 茶匙（200 毫升）水

蛋白糖霜 配料

2 茶匙（10 克）鸡蛋蛋白

1/2 量杯（60 克）糖粉

3—4 滴柠檬汁

食用色素和香精（可选）

做　法

先准备蛋白糖霜：向鸡蛋蛋白中加入糖粉，再滴几滴柠檬汁，打发即可。

要制作"煤块"糖果坯，应先向容器中倒入细砂糖和水，然后加热。注意：这里选择的容器容量要足够大，因其后续要加入膨胀了 3—4 倍的蛋白糖霜。

用厨房温度计测温，将糖、水混合物的温度加热至 291°F（144℃），并用硅胶刮刀不停翻搅，保持锅底干净无黏糊。

取 1 盎司（约 25 克）事先做好的蛋白糖霜倒入糖水锅内，搅拌均匀。糖水混合物稠度增加。将变浓稠的糖水糊倒入铺好烘焙油纸的容器中，盖住表面，散热待用。

待糖糊冷却变硬后，可随意切割成喜欢的形状和大小。

如果喜欢多点色彩和口味，可以在加入糖水混合物的蛋白糖霜里预先加入适量食用色素和香精。

给淘气孩子们的甜蜜奖赏

色彩缤纷的煤块糖果，是主显节（译注：Epiphany，每年的 1 月 6 日，是天主教及基督教的重要节日，以纪念及庆祝耶稣在降生为人后首次显露给外邦人——指东方三贤士。这天也是意大利的儿童节）上经典的意式款待。在坊间流传的故事里，女巫贝法娜（译注：名为 La Befana，其故事可追溯到 14 世纪的意大利。传说每年 1 月 6 日的前夜，贝法娜会骑着扫帚给全意大利的孩子们派发礼物和糖果。1 月 6 日一早，好孩子会看见自己挂起的袜子里塞满了礼物和糖果；而坏孩子的袜子里则只有煤炭）在孩子们挂在壁炉或者窗户上的袜子里塞满的礼物中就少不了它。一份人见人爱的美味礼物作为传统习俗沿用至今，但也有真送煤块给一年里一直调皮捣蛋的顽童的。贝法娜一词由单词"epiphany"演变而来。主显节作为圣诞节日里重要的组成部分，举国欢庆。女巫被描述成一位骑着扫帚、令人讨厌的老妪——她的脚上穿着一双破破烂烂的鞋子，穿着打满补丁的衣服，戴着顶旧帽子。除了这寒碜的骑扫帚形象，她其实像和蔼的外祖母一样——1 月 5 日一晚上飞遍整个意大利，为每一家的每一个孩子送去糖果和小礼物。然而给那些调皮的小孩送去则只有"煤块"……当然也是糖做的。

卡萨塔奶酪蛋糕（Cassata）

难度系数 3

4 人份

总耗时：4 小时（1 小时制作 +3 小时冷藏时间）

主体蛋糕 配料

1 量杯（250 克）羊乳里科塔奶酪

1/3 量杯 +2 汤匙（90 克）细砂糖

1 盎司（约 30 克）黑巧克力碎屑

1 盎司（约 30 克）糖渍橙皮（切成方形小块）

7 盎司（约 200 克）海绵蛋糕坯

黑樱桃糖浆 配料

1/2 量杯 +2 汤匙（125 克）细砂糖

1/4 量杯 +1 茶匙（65 毫升）水

8 茶匙（40 毫升）黑樱桃利口酒

装饰 配料

3/4 量杯 +4 茶匙（100 克）糖粉

1 汤匙（15 毫升）水

2—3 滴柠檬汁

3.5 盎司（约 100 克）杏仁酱

少量绿色食用色素

适量糖渍水果

做 法

先准备主体蛋糕的内馅，将羊乳里科塔奶酪滤去多余的水分后放入碗中，向其中加入细砂糖，搅拌至顺滑。再向其中倒入糖渍橙皮和黑巧克力碎屑，搅拌。将海绵蛋糕坯切成两个圆片，铺在蛋糕模具（蛋糕盘）中（如果盘上事先铺有保鲜膜，会更方便移动蛋糕）。

制作糖浆时，将细砂糖溶于水，倒入锅内加热。烧煮过的糖液冷却后，加入黑樱桃利口酒拌匀。将糖浆均匀地抹在每一片海绵蛋糕坯上，浸润蛋糕坯。

将里科塔奶酪馅涂抹在底层海绵蛋糕上，然后盖上另一片蛋糕坯。

放入冰箱冷藏至少 3 小时。

从蛋糕模中取出蛋糕。将"装饰配料"中的糖粉、水和柠檬汁混合成糖浆，淋于表面。

再向蛋糕顶部撒上薄薄一层糖粉。再往杏仁酱中加入几滴绿色食用色素将其调成绿色，抹于蛋糕的四周围边。围边厚度约 1/6 英寸左右。

最后再点缀一些糖渍水果块即可（亦可自行用奶油糖霜在上面裱花装饰）。

皇室御用的甜果酱

在意大利，杏仁酱有着"皇家果酱"之称，因其优异的品质和营养价值而价值连城。它是西西里岛、阿普利亚、萨丁岛和萨伦托这些地方甜品制作里引以为傲的原料。这款精致的甜品诞生于公元 1100 年巴勒莫的玛特拉娜修道院中。事实上，西西里岛岛民把这小小的果仁当作庆祝万圣节的传统节日食品，称之为"玛特拉娜果实"。

迷你卡萨塔奶油饼（Cassatine alla crema al burro）

难度系数 1

4 人份
总耗时：50 分钟（20 分钟制作 +30 分钟冷藏时间）

配 料
8 片蛋糕卷饼皮（3—4 英寸 /8—10 厘米的正方形）
4 颗糖渍樱桃
4.5 盎司（约 130 克）奶油糖霜
4.5 盎司（约 130 克）巧克力口味奶油糖霜

做 法
　　将奶油糖霜均匀涂抹于 4 片蛋糕卷饼皮上；取另外 4 片，均匀涂抹上巧克力口味奶油糖霜。将一颗糖渍樱桃放在涂抹了奶油糖霜的正方形饼皮中间后，再拿起一张涂抹了巧克力口味奶油糖霜的饼皮扣在上面，包住樱桃，将四周饼皮合在一起。其余几个按同样的方法做好。

　　放入冰箱冷藏至少半个小时，然后取出，每个切分成 4 块即可。

糖渍水果

　　和柑橘的果皮、柠檬片、生姜、紫罗兰和玫瑰等鲜花一样，整颗的鲜果——比如樱桃、杏子、板栗（最为人们所熟知的褐色点缀）等都是糖渍加工的理想原料。糖渍加工在中国古代和美索不达尼亚时期已用于生活生产，但直到 16 世纪才在欧洲得以传播开来。作为保存食物的一种方式，常用在处理水果上，做法是将水果浸透在糖浆（或蜂蜜）之中。高浓度的糖液通过渗透浸入，逼出果肉细胞内的水分，使果肉的含糖量得以提高，从而可以使水果保存更长的时间。如果糖渍水果上还结有糖霜的话，则表示其更高的含糖量，在这里就像给甜品的表层撒上糖粉一样。

巧克力蘑菇（Funghetti al cioccolato）

难度系数 1

4 人份
总耗时：1 小时（40 分钟制作 +20 分钟烘烤时间）

主体 配料
9 盎司（约 250 克）奶油泡芙酥皮生面团
约 12.5 盎司（350 克）巧克力口味卡仕达酱

装饰 配料
巧克力粉

做　法

　　给裱花袋装上直径约 3/8 英寸（1 厘米）的圆头裱花嘴，将一半的奶油泡芙酥皮生面团装入袋内。烤盘上抹上黄油并撒些面粉，用裱花嘴在烤盘上挤出核桃大小的面团。然后装入剩下的生面团，在刚挤好的面团上挤出蘑菇形的顶。

　　将烤箱温度调至 400℉（200℃），烘烤约 20 分钟，最后 5 分钟时，将烤箱门微开条缝隙，让泡芙烘透。

　　从烤箱取出烤好的泡芙，冷却。

　　在裱花袋头部装上直径 1/8—1/6 英寸（约 2 毫米）的裱花嘴，向裱花袋中装入巧克力口味卡仕达酱后，将其注入泡芙。

　　注馅后的泡芙放入冰箱冷藏，吃前取出，顶部撒上些巧克力粉即可。

个子虽小，其味无穷

　　巧克力蘑菇是意大利甜品中极负盛名的经典之作。毫不夸张地说，这个美丽国度里的家家户户都会做这道点心。其中还有个规律——在意大利北部，这个点心的尺寸较小，而沿着地图一路到"靴子底部"，尺寸变得越来越大。狭义地讲，它应属都灵的传统糕点。但不管各地尺寸如何，迷你、正常还是加大版，这些"巧克力蘑菇"总能为单调的巧克力口味卡仕达酱增添更多的美味。入口前撒上可可粉而不是裹糖衣，总能讨得孩子们的欢心。这里人人都再熟悉不过的小小一口，却能令他们回味良久。

莫斯卡托混莓酒冻（Gelatina al moscato con frutti di bosco）

难度系数 1

4 人份
总耗时：2 小时 10 分钟（10 分钟制作 +2 小时冷藏时间）

配　料
约 1½ 量杯（375 毫升）莫斯卡托葡萄酒
约 0.3 盎司（约 10 克）吉利丁片
约 1 量杯（125 克）混合莓果（洗净并滤水晾干）

做　法
　　将吉利丁片浸入冰水，变软后滤干取出。向锅内舀入几勺莫斯卡托葡萄酒，放入吉利丁片，加热融化。再倒入剩余葡萄酒，拌匀。每个圆筒形模具（其他形状模具亦可）底部铺好莓果，将液体倒入。
　　将注入液体的模具放入冰箱冷藏至少 2 个小时，即可取出品尝。

地中海地区的甜美果实

　　古希腊人在意大利殖民时期，将美味的麝香葡萄果实带到了意大利。葡萄的种植种类在多样性上取得成功，特别是在白色品种的变化上，经济价值显著。古罗马人也对它赞赏有加，它的名字取自拉丁语"muscum"，意为"麝香"，直白地表现出其果实散发出的令人愉悦并着迷的馥郁香味。早在中世纪，正是意大利商人将麝香葡萄酿成的莫斯卡托葡萄酒销往欧洲各地。如今，麝香葡萄的种植园遍布意大利，被分为多个品种，无论鲜食还是酿酒都适宜。比如闻名遐迩的莫斯卡托桃红起泡酒，多出于特伦托和弗留利·威尼斯·朱利亚两大著名葡萄产区，而亚历山大麝香葡萄则是西西里岛的独特品种，在部分地区别名为"泽比波"，用于酿造知名的潘泰莱里亚莫斯卡托葡萄酒，其酒香四溢，适合搭配大理石芝士或搭配烘烤的或奶油类的甜品。

葡萄干杏仁烤苹果（Mele al forno con uvetta e mandorle）

难度系数 1

4 人份
总耗时：35 分钟（20 分钟制作 +15 分钟烘烤时间）

配　料
4 个黄苹果或红褐色苹果
4 汤匙（80 克）杏子酱
1/4 量杯（40 克）葡萄干
约 1/3 量杯巴旦木薄片
1/4 量杯减去 2 茶匙（25 克）糖粉
适量肉桂粉

做　法
苹果洗净并去核。

苹果对半横切，填入拌好葡萄干的杏子酱（如果葡萄干过于干燥，可事先用冷水浸泡 15 分钟，滤干后再用）。将巴旦木薄片平铺于顶部，撒上一些糖粉和肉桂粉。

将做好的半成品放在抹过黄油的烤盘上，入烤箱。将烤箱温度调至 350°F（180℃），烘烤约 15 分钟即可。

优点无数的葡萄干

个小、无核、富含糖分，一种来自希腊、土耳其和伊朗产地的白葡萄——苏丹娜，经常被选为葡萄干原料。因为从盎格鲁·撒克逊人的城邦到奥斯曼帝国的国土，这一葡萄品种的种植早已开始，所以它自古被命名为"苏丹娜"（Sultanina），这明显影射了苏丹人的矮小身材。但从传说来看，它的名字则是因一位苏丹人在阴差阳错之下做出了第一颗葡萄干而来。据记载，那时这位苏丹人为躲避老虎的攻击而不得不将一串苏丹娜鲜果搁在太阳底下晒着……撇开苏丹人和老虎的纠葛，我们来看看葡萄干的真正价值：葡萄干富含多种营养成分，包括各种矿物质和维生素，特别是维生素 A、维生素 B_1 和维生素 B_2 较丰富。葡萄干不仅营养价值极高，还有许多诸如解毒、排毒、滋补和强身的食疗功效。不仅如此，它还易于人体吸收，是一款老少皆宜的食品。葡萄干既可直接食用，使我们品其香甜原味，又可用于甜品制作，使我们感受它与其他美食搭配而来的不同风味。在意大利南部地区的烹饪中，就会经常使用葡萄干，有时还会搭配松子果仁。

奶油玛琳蛋糕（Meringata alla panna）

难度系数 2

4—6 人份
总耗时：3 小时 30 分钟（30 分钟制作 +3 小时烘烤时间）

风味糖浆 配料

2 汤匙（30 毫升）热水

1/3 量杯 +1 汤匙（80 克）细砂糖

8 汤匙（40 毫升）樱桃力娇酒

蛋白糖霜饼坯 配料

1/3 量杯 +1 汤匙（100 克）蛋白

1 量杯（200 克）细砂糖

7½ 茶匙（20 克）玉米淀粉（可选）

1 个 8 英寸（约 20 厘米）海绵蛋糕坯

约 9 盎司（250 克）巧克力口味卡仕达酱

约 1¾ 量杯（200 克）打发淡奶油

1 量杯（125 克）覆盆子鲜果

顶部装饰 配料

适量糖粉

适量巧克力粉

做 法

调制风味糖浆：向容器内加入热水，倒入细砂糖，融化，待冷却后加入樱桃力娇酒，拌匀待用。

制作蛋白糖霜饼坯：首先打发蛋白，在半打发状态时，向其中加一点细砂糖，然后继续搅打。最后加入剩下的细砂糖，搅打至完全打发的状态待用（若是有玉米淀粉，则可在此步骤加入，手动搅拌均匀）。

在平底烤盘上铺上烘焙油纸。裱花袋搭配一个约 3/4 英寸（18—20 毫米）圆头裱花嘴，将上述做好的蛋白糖霜饼坯半成品倒入裱花袋，在铺有烘焙油纸的烤盘上挤出 2 个 8 英寸（直径约 20 厘米）的圆饼坯。在烤箱门微微打开些缝隙的状态下，用 200 °F（100℃）的温度烘烤约 3 个小时。将饼坯放置在干燥处冷却，待用。

将巧克力口味卡仕达酱涂抹在冷却好的一片蛋白糖霜饼坯上，盖上海绵蛋糕坯。把事先准备好的风味糖浆均匀地刷在海绵蛋糕上，再涂上打发的淡奶油。再预留一些奶油来做造型。

放上一些覆盆子后，再盖上第二层蛋白饼坯。

剩余的奶油和覆盆子可用来装饰蛋糕边缘，最后再撒上些许糖粉和巧克力粉后即大功告成。

酥松可口的蛋白饼（MERINGUE）

蛋白饼是地中海地区一道家喻户晓的经典甜品，在意大利深受人们喜爱。在当地"吃货"的世界里流行着各种吃法，单吃就很可口，还可以加上一勺奶油，又或是一口温热的巧克力酱，加一点香草、柠檬或可可来增添风味也不错。拥有百变实力的蛋白饼可以为各色传统甜品锦上添花，就像这款奶油玛琳之吻。蛋白饼诞生于撒丁岛，当地人称其为"bianchino"，他们把鸡蛋蛋白和糖这两个普通的食材混合后，撒上些巴旦木碎，以短时间内高温受热的烘烤方式打造出了酥脆的外表和柔软的内芯，独特的反差口感让饕餮们欲罢不能。

奶油夹心玛琳（Meringhe alla panna）

难度系数 1

4—6 人份

总耗时：3 小时 20 分钟（20 分钟制作 +3 小时烘烤时间）

主体 配料

2/3 量杯 +2 茶匙（150 克）鸡蛋蛋白

1½ 量杯（300 克）细砂糖

1/4 量杯减去 3/4 茶匙（30 克）玉米淀粉（可选）

约 1¾ 量杯（200 克）打发甜奶油

装饰 配料

巧克力碎屑（或新鲜水果）

做 法

首先搅打鸡蛋蛋白，在半打发状态时加入一点细砂糖，然后接着搅打。最后加入剩下的细砂糖，继续搅打至全部打发待用（如果有玉米淀粉，此时加入，手动搅拌）。

在裱花袋中装入一个直径约 3/4 英寸（18—20 毫米）的圆头裱花嘴，将上述做好的打发蛋白饼坯半成品倒入裱花袋，在铺有烘焙油纸的烤盘上挤出多个（双数）你认为大小合适的圆饼坯。在烤箱门微开些缝隙的状态下，用 200 ℉（100℃）的温度烘烤约 3 个小时。

将饼坯放置在干燥处冷却，待用。

在一块已冷却好的饼坯上挤上打发甜奶油夹馅，然后盖上另一块做好的饼坯（注意要让两饼底相对）。最后用巧克力碎屑（或新鲜水果）围边即可。

有增稠作用的玉米淀粉

玉米淀粉是由玉米加工而来的一种白色粉末，用于烹饪中，能起到很好的增稠和凝固作用。加水调和后，其看起来虽然像液体，但却有着极强的黏性。将玉米淀粉和水以 2∶3 的比例倒入杯中调和均匀后，你会发现，想把手指插进杯中这么简单的动作竟会变得那么难。

千层酥蛋糕（Millefoglie）

难度系数 3

4—6 人份

总耗时：3 小时 30 分钟（3 小时制作 +30 分钟烘烤时间）

翻糖糖衣 配料

1/2 量杯 +2 汤匙（125 克）细砂糖

5 茶匙（25 毫升）水

4 茶匙（20 毫升）葡萄糖浆

主体 配料

10.5 盎司（300 克）千层酥皮生面团

约 9 盎司（250 克）巧克力口味卡仕达酱

约 9 盎司（250 克）榛果口味卡仕达酱

适量糖粉

适量可可粉

做 法

制作翻糖糖衣：将细砂糖、葡萄糖浆和水倒入大小合适的锅内。用厨房用温度计测温，加热至 244 ℉（118℃）即可。然后倒在打湿的大理石板上，静置 5 分钟。用木勺搅拌至糖膏发白，凝固成团。放入小袋中保存，须避潮避湿。

将千层酥皮生面团擀成 1/8—1/6 英寸（约 2 毫米）厚，用叉子戳些小气孔后，静置半小时，以防止受热变形。半小时后将千层酥皮生面片等分成 3 块，放在铺有烘焙油纸的烤盘上，然后放入烤箱，用 350 ℉（180℃）的温度烘烤约 15 分钟。烤好后撒上些许糖粉，用火枪喷，或放入烤箱用最高温烤出焦糖表面。

烤好后取出冷却待用。

用裱花袋将巧克力口味卡仕达酱挤在一层酥皮上，然后拿出第二块酥皮盖上，再在第二块酥皮上挤上榛果口味卡仕达酱（原味卡仕达酱混合纯榛果果酱而成）待用。

用隔水加热或微波炉加热的方式融化翻糖糖膏，然后将其涂抹在最后一张酥皮上。再取一些可可粉拌入剩下的翻糖糖膏里调色，然后把它点缀在糖衣上，用针头勾出花纹。

最后将这块酥皮盖在之前挤好的榛果口味卡仕达酱上即可。

完美的千层酥

众所周知的千层酥蛋糕，历史悠久，必须有上中下三层，一层也不能少，精选的夹馅与酥皮相互交融，演绎出绝妙的平衡口感。酥脆的起酥皮，加上柔滑的卡仕达酱，还有反着光泽的糖衣，让人难以忘怀。

蒙布朗蛋糕（Monte bianco）

难度系数 3

4—6 人份
总耗时：4 小时 30 分钟（1 个小时 30 分钟制作 +3 个小时烘烤时间）

风味糖浆 配料
1/3 量杯 +1 汤匙（80 克）细砂糖
8 茶匙（40 毫升）朗姆酒
2 汤匙（30 毫升）水

蛋白饼 配料
1/4 量杯减去 2 茶匙（50 克）鸡蛋蛋白
1/2 量杯（100 克）细砂糖
3¾ 茶匙（10 克）玉米淀粉（可选）

蛋糕主体 配料
1 个 8 英寸（约 20 厘米）巧克力海绵蛋糕坯

1.75 磅（约 800 克）新鲜栗子泥，或 1 磅 +2
盎司（约 500 克）干板栗
约 4¼ 量杯（1 升）牛奶
约 9 盎司（约 250 克）卡仕达酱
1 量杯减去 5 茶匙（180 克）细砂糖
1/3 量杯 +3/4 茶匙（30 克）可可粉
1 汤匙（15 毫升）朗姆酒
糖渍紫罗兰花朵
糖渍栗子
一根香草荚
一撮盐

做 法

制作风味糖浆：将细砂糖倒入水中加热，冷却后拌入朗姆酒，搅匀冷却待用。

制作蛋白饼：将鸡蛋蛋白打发，在其半打发状态时加一点细砂糖，继续搅打。最后将剩下的糖全部加入（如果有玉米淀粉，此时加入）。最后以手持硅胶刮刀以向上翻搅的方式拌至无粉。

在裱花袋上装直径约 3/4 英寸（18—20 毫米）的圆头裱花嘴，在铺有烘焙油纸的烤盘上挤出一个直径约 8 英寸（20 厘米）的饼坯。将烤箱温度调至 200 ℉（100℃），烤箱门微开条缝，烘烤 3 小时。

烤完后将蛋白饼放在干燥处，冷却待用。

将板栗去皮，与牛奶、细砂糖、香草荚（用刀剖开）、盐同煮。待板栗变软后倒出锅内多余液体，用滤网或搅拌机将固体打成蓉（如果用的是干板栗，需提前一晚浸泡，用前 15 分钟冲洗干净。之后做法同上述新鲜板栗）。然后将可可粉、朗姆酒加入栗泥，搅拌均匀后放入冰箱彻底冷藏。

以蛋白饼做底，在上面挤上卡仕达酱后，加上一些糖渍栗子块，然后盖上巧克力海绵蛋糕坯，用朗姆酒风味糖浆浸润蛋糕坯后，再挤上栗子泥（用大孔径的滤网或土豆捣碎器将其捣成泥状），做成圆锥形。

最后在整个蛋糕面上挤上条形打发甜奶油，再加上糖渍紫罗兰和栗子块做装饰即可。

红酒炖梨（Pere al vino rosso）

难度系数 1

4 人份

总耗时：30 分钟（10 分钟制作 +20 分钟烘烤时间）

配　料

4 只梨

2 量杯 +5½ 茶匙（500 毫升）红酒

约 1/2 量杯 +1 汤匙（80 克）红糖

1—2 颗丁香

1 根肉桂棒

做　法

梨去皮后放入深口锅，倒入足量红酒充分没过果肉。

放入红糖、1—2 颗丁香和肉桂棒。

小火慢炖至梨肉变软（用牙签戳入感觉软烂即可）。生梨品种不同，炖煮时间各异。

炖煮好后装盆。放凉还是趁热品尝皆可。

> **馥郁香气的"源泉"**
>
> 　　在意大利，丁香被称为"康乃馨种子"，虽然它的真实身份是公丁香的花蕊，而这种植物与康乃馨并无关系。它的意大利名字取自于其外形，让人一听就联想起这种鲜花——它们长着长长的四瓣花萼相连组成的花托，而含苞待放的花瓣从圆形的中间部分长出。丁香起源于印度尼西亚，自古以来，因其强烈的香味（立刻四散开来的花一般的、甜美又辛辣的味道）、独特的医用价值及其防腐的特性而为人们广泛使用。同样，它能用于甜品制作，比如这道红酒炖梨，它还和很多其他美味料理相映成趣，特别适合搭配一些野味，还可以搭配熟化奶酪和洋葱、胡萝卜之类的甜味蔬菜。

苦杏酒烤蜜桃（Pesche al forno ripiene all'amaretto）

难度系数 1

4 人份
总耗时：50 分钟（20 分钟制作 +30 分钟烘烤时间）

配 料

4 只桃子

5 块杏仁饼干（用手捏碎）

1/4 量杯 +1 茶匙（20 克）无糖纯可可粉

1 个鸡蛋（蛋黄、蛋白分离）

另外单准备 1 个鸡蛋蛋黄

1/3 量杯 +3/4 茶匙（70 克）细砂糖

做 法

　　将鲜桃洗净，对半切。用勺子去核，并挖出些果肉。掏出的果肉倒入碗内，捣成泥，与 2 个鸡蛋蛋黄、碎饼干和无糖可可粉拌匀待用。

　　向蛋白中加入细砂糖，干性打发。再与果肉混合物拌匀。

　　将果肉蛋白糊填入之前准备好的桃子里，再将其放在铺有烘焙油纸的烤盘上，用 325 °F（160℃）的温度烘烤半小时左右。

　　烤好后取出按个人喜好冷藏或趁热品尝皆可。

百变杏仁饼干——松脆和酥软两相宜

　　杏仁饼干似乎起源于意大利，诞生于阿拉伯人占领西西里岛的时期里，推测是在 19 世纪，从那以后便流传到了全欧洲乃至全世界。这款经典的意大利甜品，用糖、蛋白和两种巴旦木（一种甜巴旦木，一种微苦巴旦木，因此名叫"amaretto"，是"一点苦味"的意思），做成表面凹凸的圆饼。杏仁饼干可以做成 2 种不同口感的甜品，一种是松脆易碎的"萨隆诺杏仁脆饼"（amaretto di Saronno），另一种是柔软似蛋白软糖的"萨塞洛杏仁软饼"（amaretto di Sassello）。它们常作为甜品或利口酒的佐酒小食，烹饪中也会经常用到，比如漫图亚南瓜饺子和皮埃蒙特什锦炸食中就会用它作为配料。

巧克力奶油泡芙（Profiteroles）

难度系数 2

4 人份
总耗时：25 分钟

主体 配料
约 1¾ 量杯（200 克）打发甜奶油
5.3 盎司（约 150 克）卡仕达酱
16 个奶油泡芙坯

表面淋酱 配料
约 1/2 量杯（100 毫升）淡奶油
3.5 盎司（约 100 克）黑巧克力
4 茶匙（20 毫升）葡萄糖浆（可选）

做 法

将打发淡奶油与卡仕达酱混合拌匀。

在裱花袋上装 1/8—1/6 英寸（约 2 毫米）口径的裱花嘴，将奶油酱混合物装入，取奶油泡芙坯，从泡芙底部将奶油酱混合物注入。16 个奶油泡芙坯注好馅后放入冰箱冷藏待用。

准备表面淋酱：将黑巧克力切碎，倒入碗内。再将煮沸的淡奶油和葡萄糖浆（可选）倒在巧克力碎屑上，融化巧克力，用搅拌棒拌至柔滑无颗粒即可。

用叉子插取泡芙球，滚上巧克力酱。装盘前滴干泡芙球上多余的酱液。

食之有益的黑巧克力

黑巧克力是上帝赐予的食物中极少数对身体百利而无害的食物之一，这说法虽然有点奇怪，但确是不争的事实。它确实给我们带来很多好处，最重要的是：其可可脂含量大于或等于 65%，其中富含类黄酮、有效的植物性天然抗氧化成分，能保护我们的身体抵御多种疾病。它也能补充铁、磷、钾，特别是镁，这些营养元素在维持体能和新陈代谢中起着重要作用。最后再提一点，黑巧克力具有极好的抗抑郁功效，因为它能使大脑分泌血清胺——一种能让我们产生愉悦感的神经传导素。那还等什么？赶紧用这天赐的美味来治愈身心吧！

夹心三角酥（Sfogliatelle ricce）

难度系数 3

4—6 人份

总耗时：3 小时 25 分钟（1 小时制作 +2 小时静置 +25 分钟烘烤时间）

酥皮 配料

2⅓ 量杯 +3¼ 茶匙（300 克）普通面粉

1/4 量杯 +2 茶匙（60 克）猪油

约 7¼ 茶匙（30 克）白砂糖

1/3 量杯 +4¼ 茶匙（100 毫升）水

1/2 茶匙（3 克）盐

约 1/4 量杯（60 克）猪油（软化使用）

内馅 配料

1/3 量杯 +4¼ 茶匙（100 毫升）水

约 8½ 茶匙（30 克）粗粒小麦面粉

1/3— 1/2 量杯（约 100 克）里科塔奶酪

1/4 量杯 +2½ 茶匙（60 克）白砂糖

约 0.75 盎司（约 20 克）糖渍橙皮，切碎

1 个鸡蛋

1 根香草荚

1 撮肉桂粉

少许柠檬皮屑

1/4—1/2 茶匙（约 2 克）盐

装饰 配料

适量糖粉用以装饰表面

做 法

制作酥皮，将面粉、猪油、白砂糖、盐边加水边混合。将混合好的面团揉至表面光滑，起筋出膜。用密封袋装好放入冰箱冷藏 1 小时。

准备内馅：向小锅中倒入水、盐，煮沸。将粗粒小麦粉撒入锅中，煮几分钟后冷却待用。

过滤掉里科塔奶酪多余的水分，然后加入白砂糖、糖渍橙皮、蛋液，以及柠檬皮屑、肉桂粉和香草荚（对半剖开取出的香草籽）。将上述配料混合拌匀待用。

把面团从冰箱里取出，擀成长方形（越薄越好），包入软化的猪油块，卷成直径约 10 厘米的圆柱形，再擀开卷起，放入冰箱冷藏 1 小时。1 小时后取出面团，用手拉伸面团，并将其分割成 1 英寸（约 3 厘米）厚的一个个小块，再分别擀平，中间部分推高，使其成羊角形状。

将之前做好的内馅填入羊角面包，开口处封紧，放在铺有烘焙油纸的烤盘上。入烤箱，用 425℉（220℃）的温度烘烤 25 分钟左右。烤好后取出，撒上糖粉即可。

种类繁多的可颂面包

这款经典的那不勒斯甜品，其品种之多难以细数——"褶皱式"，香酥的独特口感来自于每一层又脆又薄的酥油；"片状式"，与"褶皱式"用的内馅相同，其多为圆形，由酥皮面团制作而成；"圣塔罗莎式"由薄薄的千层酥皮做成，填有卡仕达酱，点缀酸樱桃；"虾尾式"，形如其名，内填尚蒂伊鲜奶油、巧克力和淡奶油。

苹果千层派（Sfogliatina alle mele）

难度系数 2

4—6 人份
总耗时：55—60 分钟（30 分钟制作 +25—30 分钟烘烤时间）

主体 配料
约 12.5 盎司（约 350 克）千层酥皮生面团
10.5 盎司（约 300 克）新鲜苹果
2 盎司（约 60 克）海绵蛋糕坯
4.25 盎司（约 120 克）卡仕达酱
2 汤匙（30 毫升）风味糖浆（任意口味）
1 个鸡蛋

装饰 配料
1/4 量杯减去 2 茶匙（25 克）糖粉

做 法
将千层酥皮生面团在案板上擀成 1/8—1/16 英寸（约 2 毫米）厚度的面片。将面片切分成 2 个长方形，一个约 4×12 英寸（10×30 厘米），另一个约 5×12 英寸（13×30 厘米）。

将两小块饼皮放在铺好烘焙油纸的烤盘上，并用叉子在饼皮上戳些孔。在面团中间位置，放上厚度约 1/8 英寸（8—10 厘米）左右的海绵蛋糕坯。

把风味糖浆涂抹在蛋糕坯上，再覆上卡仕达酱。

将苹果削皮、去核，对半切开，改刀成 1/4—1/8 英寸（约 5 厘米）厚的片状，再将苹果果肉铺在海绵蛋糕坯上，小心叠放。

将鸡蛋打入小碗，涂抹于饼皮四边。

将大块饼皮盖上，然后轻捏两层饼皮重叠处以粘合密封。

在整个表皮上用刀划出些切口，以确保接下来高温受热时散发蒸汽。

在饼皮表面均匀涂抹上蛋液后，将其送入烤箱，烤箱温度调至 400 ℉（200℃），烘烤 20—25 分钟。

烤好后，从烤箱中取出苹果派，用小筛网在苹果派表面撒上糖粉。

再将烤箱温度调高至 475 ℉（250℃），或放上烤架，继续烘烤几分钟，至表面呈金黄的焦糖色，表皮看上去更酥脆诱人即可。

取出放凉。冷藏或趁热品尝都别有风味。

苹果卷饼（Strudel di mele）

难度系数 2

4 人份
总耗时：1 小时 20 分钟（1 小时制作 +20 分钟烘烤时间）

饼皮 配料

2 量杯（250 克）普通面粉

1/2 量杯 +6½ 茶匙（150 毫升）水

4 茶匙（20 毫升）特级初榨橄榄油

1 撮食盐

内馅 配料

1.75 磅（约 800 克）新鲜苹果

2/3 量杯（100 克）葡萄干（温水浸泡 15 分钟

变软后滤干待用）

1/3 量杯 +1¾ 茶匙（50 克）松子仁

1/2 量杯（50 克）核桃仁

10½ 茶匙（50 克）无盐黄油

1/2—1 量杯（50—100 克）面包糠

适量肉桂粉

装饰 配料

适量糖粉

做 法

将面粉、特级初榨橄榄油、盐混合，加水和面。揉至面团表面光滑，滚圆后盖上保鲜膜，松弛 30 分钟。

准备果肉馅料：苹果削皮，切成薄片。苹果片入锅煎软，与黄油、泡软的葡萄干、松子仁、核桃仁和肉桂粉拌匀。加入面包糠增稠。

操作台上撒些面粉防粘，将之前准备好的面团擀成长方形，用拳头按压，使其达到想要的形状、大小。将馅料纵向铺于饼上，侧边留出 1 英寸宽（2—3 厘米），然后纵向卷起饼皮，手指轻按压紧边缘并封住两头。

将卷饼放在铺有烘焙油纸的烤盘上，送入烤箱。烤箱温度调至 350 °F（170—180℃），烘烤 20 分钟左右即可。

从烤箱中取出，冷却。顶部撒上糖粉即成。

香气诱人的肉桂之味

锡兰肉桂（译注：Cinnamon，别名"Cinnamon zeylanicum"），属常绿乔木，原产于斯里兰卡。表皮剥离后，茎基和小树枝散发着浓烈的桂醛芳香气，自古以来就为人们所知，备受喜爱。它的香味独一无二，干热又辛辣，有着丁香瓣般的甜美又夹杂了刺激的辣味，不论是市面上常见的榛果色卷筒状的肉桂棒，还是颗粒，或精加工过的粉末，在意式菜肴里，特别是水果类甜品中，它都发挥着重要作用，尤其搭配苹果、巧克力，还有果仁糖，都口感绝佳，它同样也是卡仕达酱、蛋白饼和冰淇淋、利口酒等的调味品之一。

什锦浆果蛋糕（Torta ai frutti di bosco）

难度系数 2

6 人份

总耗时：1 小时 30 分钟（30 分钟制作 +1 小时冷藏时间）

风味糖浆 配料

1/3 量杯 +1 汤匙（80 克）细砂糖

8 茶匙（40 毫升）樱桃利口酒

2 汤匙（30 毫升）水

主体蛋糕 配料

1 个直径 7 英寸（约 18 厘米）、重 3 盎司（约 80 克）的海绵蛋糕坯

1 个直径 7 英寸（约 18 厘米）、重 3.5 盎司（约 100 克）的巧克力酥塔皮（已烘好）

2.5 量杯（300 克）打发甜奶油

10.5 盎司（约 300 克）卡仕达酱

2 片吉利丁片（冷水中浸软后滤干待用）

1/3 量杯（40 克）开心果碎果仁

约 9 盎司（约 250 克）什锦浆果

装饰 配料

几片新鲜的薄荷叶

适量糖粉

做 法

准备风味糖浆：将细砂糖溶于水，煮沸。冷却后加入樱桃利口酒，拌匀待用。

制作中层夹馅：往小锅里舀几勺卡仕达酱，加入泡软的吉利丁片，加热，搅拌至吉利丁片完全融化。

锅离火，再向锅里倒入剩下的卡仕达酱拌匀，然后取一半打发甜奶油，慢慢拌入。

将 2/3 的卡仕达酱混合酱抹在巧克力酥塔皮上，再撒上一些浆果，然后盖上海绵蛋糕坯。在蛋糕坯上均匀涂上樱桃利口酒风味糖浆浸润，以增加风味。然后将剩下的卡仕达酱全部涂抹上。

为了简化制作步骤，所有配料可以放在圆形金属模具中定型，当然，不用模具直接制作也可以。

在蛋糕四周用开心果碎果仁围边，然后放入冰箱冷藏 1 小时。

在蛋糕顶部点缀上蓝莓、覆盆子、草莓等什锦浆果，再将剩下的打发甜奶油装入裱花袋，挤上花边。最后插上几片新鲜的薄荷叶，撒上些许糖粉即可。

有鱼胶之名却不来自鱼

　　鱼胶是一种重要的增稠剂，对于甜品制作而言尤显重要，它无色、无味，经过脱水干燥，被做成薄片在市场上出售。一旦浸泡于冷水，便会膨胀，体积增大。虽然它名字里带有"鱼"字，却是由猪皮及其之下的软骨组织薄膜或者猪、牛的皮和骨头提炼而成。素食主义者则可以用琼脂（来自于海藻的天然植物性稳定剂）或果胶（提取自水果）来代替。

米香蛋糕（Torta di riso）

难度系数 1

4—6 人份

总耗时：1 小时 50 分钟（1 小时制作 +45—50 分钟烘烤时间）

配　料

约 9 盎司酥塔皮

3 量杯（750 毫升）牛奶

3/4 量杯 +1 汤匙（150 克）大米

3/4 量杯（150 克）细砂糖

2 个鸡蛋

2 个鸡蛋蛋黄

1/2 个柠檬皮屑

1 小酒杯的茴香酒

做　法

往小奶锅中倒入牛奶、大米和细砂糖。中火煮 40 分钟左右待用。

冷却后加入鸡蛋、蛋黄、茴香酒和柠檬皮屑。

用擀面杖将酥塔皮擀成约 1/8 英寸（3 毫米）厚，铺在蛋糕盘底并围好边。向围好边的饼底上倒之前准备好的米糊。

将烤箱调至 350 °F（180℃），烘烤 45—50 分钟左右，烤至外表金黄，边缘酥脆。

待完全冷却后即可脱模。

战无不胜的意大利焗饭米

除了小麦，米是全世界最主要的粮食作物。在古罗马，它从东方远道而来，稀有而昂贵，被视为一种香料。贵妇们用米来软化和提亮肌肤，而对于角斗士和运动员们来说，它则是天然的兴奋剂，其营养成分令人精力充沛。据说，在公元 8 世纪，阿拉伯人统治下的西西里岛人将大米传到了西班牙，在意大利这是米文化所产生的第一次历史性影响。这可以在一份日期标为 1475 年，落款为米兰公爵加莱阿佐·玛利亚·斯福尔扎（Galeazzo Maria Sforza）的信函中得以证实。然而让米走入百姓餐桌的饮食习惯的改变又归功于谁呢？也许是 16 世纪锡耶纳（译注：Sienese，锡耶纳城位于意大利中部，邻近佛罗伦萨）的科学家皮尔·安德里亚·马迪奥利（Pier Andrea Mattioli），他明确表示米易于消化、口感美味、富含营养。如今，"意大利米"享誉欧洲，它不仅用于烹饪米饭，还能用来做甜品，比如这款米香蛋糕——作为经典的意式甜品，其变化出各种做法遍及整个意大利。

含羞草蛋糕（Torta mimosa）

难度系数 1

6 人份

总耗时：1 小时 30 分钟（30 分钟制作 +1 小时冷藏时间）

风味糖浆 配料

1/3 量杯 +1 汤匙（80 克）白砂糖

8 茶匙（40 毫升）樱桃利口酒

2 汤匙（30 毫升）水

主体蛋糕 配料

2 片直径 7 英寸（约 18 厘米）、重量约 1 磅（500 克）的海绵蛋糕坯

2½ 量杯（300 克）打发甜奶油

7 盎司（200 克）卡仕达酱

2 片吉利丁片（冷水中浸软后滤干待用）

装饰 配料

适量糖粉

做 法

准备风味糖浆：将白砂糖倒入水中，煮沸。冷却后再加入樱桃利口酒，拌匀待用。

准备主体蛋糕：往小锅里舀几勺卡仕达酱，再加入泡软的吉利丁片，一同加热，搅拌至吉利丁片完全融化。

锅离火，再倒入剩下的卡仕达酱拌匀，然后取打发甜奶油，慢慢拌入待用。

将海绵蛋糕坯等分成三片。将第二片的海绵蛋糕坯上切下一层，改刀成约 3/8 英寸（1 厘米）的小立方体。

将之前准备好的混合奶油的 1/3 涂抹在底层蛋糕坯上，在蛋糕表面刷上风味糖浆，以增加口味。盖上第二片蛋糕片，做法同前。最后再盖上第三片蛋糕片，做法同前。

最后把之前准备好的蛋糕碎块撒在整个蛋糕的表面，并将其放入冰箱冷藏 1 小时。

上桌前撒上糖粉即可装盘。

向女性致以赞美

含羞草蛋糕是在 3 月 8 日国际劳动妇女节这一天制作的传统甜点，也是经典意式美食之一。它的名字来自于其"外貌"，因为它的表面沾满了小方块形的海绵蛋糕或蛋糕碎屑，与意大利的"女人花"——含羞草（每年 3 月初盛开）很是相像，故得此名。人们把它送给女性以表达对女性的尊重与赞美。

黑松露蛋糕（Torta tartufata）

难度系数 2

6 人份

总耗时：12 小时 30 分钟（30 分钟制作 +12 小时静置时间）

巧克力糖衣 配料

7 盎司（约 200 克）黑巧克力

2 汤匙（30 毫升）牛奶

约 1.5 盎司（约 40 克）榛子酱

主体蛋糕 配料

1 个直径 7 英寸（约 18 厘米）、重量约 10.5 盎司（300 克）的海绵蛋糕坯

10.5 盎司（约 300 克）巧克力奶油糖霜

风味糖浆 配料

1/3 量杯 +1 汤匙（80 克）白砂糖

8 茶匙（40 毫升）朗姆酒或香橙利口酒

2 汤匙（30 毫升）水

装饰 配料

适量糖粉

做 法

制作巧克力糖衣：隔水或微波炉加热黑巧克力，使其融化。再向融化的黑巧克力中加入榛子酱和牛奶（根据温度而定，可以视情况增减 2 茶匙或 10 毫升牛奶），搅拌均匀后，静置 12 小时。

准备风味糖浆：向白砂糖中倒入水，煮沸。冷却后加入利口酒或朗姆酒，拌匀待用。

将海绵蛋糕坯等分成 3 片。

在底层海绵蛋糕坯上涂抹 1/3 的巧克力奶油糖霜，然后在蛋糕表面刷上风味糖浆，增加其口味。然后盖上第二片，方法同之前。最后再盖上第三片蛋糕片，做法同前。

将巧克力糖衣混合物分批放入加工机内压片，使其厚度控制在 1/16—1/32 英寸（约 1 毫米）之间。然后把巧克力薄片盖在蛋糕四周和顶部即可。

上桌前撒上糖粉即可装盘。

香浓巧克力甜品

这里有多少巧克力蛋糕配方？许多！从最简单的，比如完美早餐之选的可可海绵蛋糕，到最复杂的，比如这款黑松露蛋糕。说起最传统的入口绵软细滑的意式巧克力蛋糕，众所周知的是"巧克力威风（tenerina）"或"巧克力蛋糕（torta cioccolatina）"，它们真是"天赐的美味"……当然，其中也不乏独具个性的"巧克力西葫芦蛋糕"，还有适合轻食的米香巧克力蛋糕，以及热量极高的、混合了巧克力和咖啡的马斯卡彭芝士蛋糕……不论哪一款都以其浓醇的口感，深受大人小孩的喜爱。

苏黎世蛋糕（Torta zurigo）

难度系数 3

4—6 人份

总耗时：13 小时 30 分钟（1 小时 30 分钟制作 +12 小时静置时间）

主体蛋糕 配料

2 量杯（250 克）低筋面粉

1/3 量杯 +5 茶匙（100 克）无盐黄油（室温软化）

1/2 量杯（100 克）细砂糖

1 个鸡蛋

1/4 量杯减去 2 茶匙（18 克）可可粉

1/4 量杯减去 1 茶匙（55 毫升）牛奶

0.3 盎司（约 10 克）氨粉

翻糖糖衣 配料

1/2 量杯（100 克）白砂糖

1 汤匙（15 毫升）葡萄糖浆

4 茶匙（20 毫升）水

适量红色食用色素

奶油夹馅 配料

约 2 量杯（250 克）打发甜奶油

约 9 盎司（250 克）卡仕达酱

1.75 盎司（约 50 克）奶油果仁糖

2.5 盎司（约 70 克）黑巧克力

1 汤匙（15 毫升）朗姆酒

装饰 配料

糖粉

适量巧克力刨花

适量酒渍樱桃

做 法

制作蛋糕坯：在案板上把主体蛋糕配料混合，揉成面团后，包上保鲜膜，放入冰箱冷藏过夜（约 12 小时）。

从冰箱取出面团，将面团擀成厚度 1/8—1/16 英寸（约 2 毫米）左右的面片，将面片分成 3 块 8 英寸（18—20 厘米）的正方形（若想做成单人份，可将尺寸改为 2.5 英寸，即 6—7 厘米正方形），将分好的面片放在铺有烘焙油纸的烤盘上，用 400 ℉（200℃）的温度烘烤 15 分钟后，取出放凉。需要注意的是：氨粉受热会产生大量热气，所以需要开窗通风！

制作翻糖糖衣：将白砂糖、葡萄糖浆和水倒入小锅，最好是铜质平底锅。用厨房专用温度计测温，将糖浆加热至 245 ℉（118℃）时，用湿润的烘焙刷翻搅糖浆，以防锅底烧糊。然后将变稠的糖膏慢慢倒在打湿的大理石板上，冷却 3—4 分钟。用木勺从四周向中间方向搅拌，搅拌数分钟后，待糖膏发白待用。将准备好的翻糖糖膏隔水加热融化后，加入几滴红色的食用色素调色，然后将酒渍樱桃在粉红色的糖膏中浸蘸，使糖膏完全裹住樱桃，形成糖衣待用。

将黑巧克力和奶油果仁糖切碎，加入卡仕达酱拌匀，然后倒入朗姆酒，最后与打发甜奶油混合，拌匀。

将 1/3 的混合奶油涂抹在一片蛋糕坯上，其他两片蛋糕坯按照第一片的步骤来做，然后将三片涂抹了混合奶油的蛋糕叠在一起，而后再用奶油围边即可。

最后在整个蛋糕的奶油面上撒上巧克力刨花，点缀上裹好糖衣的酒渍樱桃。上桌品尝前撒点糖霜装饰即成。

外交官蛋糕（Trancio diplomatico）

难度系数 2

4—6 人份
总耗时：1 小时 45 分钟（30 分钟制作 +15 分钟烘烤 +1 小时冷藏时间）

风味糖浆 配料
1/3 量杯 +1 汤匙（80 克）白砂糖
8 茶匙（40 毫升）樱桃或香橙利口酒
2 汤匙（30 毫升）水

约 5.3 盎司（150 克）海绵蛋糕坯
10.5 盎司（约 300 克）卡仕达酱

装饰 配料
适量糖粉

主体蛋糕 配料
10.5 盎司（约 300 克）千层酥皮生面团

做　法

准备风味糖浆：将白砂糖、水倒入锅内，加热并搅拌至白砂糖融化，待糖液冷却后，加入樱桃或香橙利口酒拌匀待用。

将千层酥皮生面团擀平成 1/8—1/16 英寸（约 2 毫米）左右的厚度，并将其分成两片长方形。用叉子在饼皮上戳些气孔，静置半小时，以防止烘烤时受热变形。静置后将其放在铺有烘焙油纸的烤盘上，将烤箱温度调至 350 ℉（180℃），烘烤 15 分钟左右。快出炉前，将其取出撒上糖粉，再入烤箱或调高至最高温度，将其表皮烤出金黄色焦糖，然后从烤箱中取出，放凉。

取一片千层酥做底，然后将卡仕达酱装入裱花袋挤在酥皮上。在挤好的卡仕达酱上盖上海绵蛋糕坯，然后在海绵蛋糕坯上均匀浸润风味糖浆，再将剩余卡仕达酱挤在上面。之后盖上另一片千层酥。

将做好的外交官蛋糕放入冰箱冷藏至少 1 小时。

上桌之前，撒上厚厚的糖粉，用热铁烫出网格花纹即可。

特别的外交官卡仕达酱

外交官蛋糕必不可少的卡仕达酱夹馅，也是人们耳熟能详的"外交型"奶油。作为尚蒂伊鲜奶油的众多变种之一，它混合了淡奶油、打发奶油或其他类似奶油。它的最多选择就是卡仕达酱和打发甜奶油，它常常通过混合打发甜奶油（可按需要调整使用比例）来提升顺滑的口感。它的出名归功于它"外交"馈赠佳品的身份，而这款奶油也因被广泛用于各类酥皮和蛋糕中作为奶油甜品而声名远扬。

CAKES

蛋 糕

毫无疑问，蛋糕是标志性的派对食品，通常以圆圆的造型示人，一顿美餐过后端上桌来庆祝某些特别的时刻。蛋糕的做法多种多样，可热可冷，可烘烤可冷藏，造型百变，有圆形、方形、圆顶形、条形等。

意式蛋糕的种类之多令人眼花缭乱，可以说每个地区都有其特色。其中例如柠檬、果酱和里科塔奶酪的各种酥塔，以及核桃、胡萝卜和香米等各种风味蛋糕，早已普及整个意大利半岛，而另一些地方特色则局限于某些地域，特别是一些被认为是甜品发源地的地区，那里的人也都因此引以为傲。典型的例子就是热那亚圣诞蛋糕——利古里亚市的传统圣诞节蛋糕。

有些蛋糕制作起来极其简单，比如苹果塔，制作简单，却有着美妙的香味，颇受欢迎；有些则工序复杂，例如杏仁清蛋糕——黑樱桃利口酒制成的糖浆渗透进海绵蛋糕，蛋糕里藏着杏子酱，外面裹着满满的杏仁酱；还有讲究装饰的，像蜜桃杏仁蛋糕——酥皮掺着卡仕达酱、蜜桃果肉和巴旦木。

有些蛋糕默默无闻地"出生"，但却渐渐享有极高的声誉，成功占领了全国的餐桌。脆饼蛋糕就是个极好的例子。令人啧啧称赞的曼图阿经典美食原是农家节约为本、持家有道的产物。这道甜食用到了比小麦粉更便宜的玉米粉，用猪油代替昂贵的黄油，用榛子代替核桃仁，这些配料对农民来说更为价廉易得。然而机缘巧合，在文艺复兴时期，这款蛋糕从乡村田间登上了贡扎加宫廷的大雅之堂，被端上了伦巴第城领主的餐桌，自此以后便声名远扬。当然，其配方也做了很大改善，精白小麦粉掺入玉米粉，黄油换回猪油，被视作光明和重生象征的巴旦木，取代了更为平民的榛子。

还有一些蛋糕出自宫廷，经过诸多改良，也走入了寻常百姓家。作为当地经典节日蛋糕的那不勒斯复活节蛋糕，在神话中是天神之手创造了它——为感谢帕尔特诺贝女神美妙的歌喉，那不勒斯海湾上的善良居民用面粉（被视作乡村的象征和财富）、里科塔奶酪（来自牧羊人们和他们的羊群）、鸡蛋（重生的象征）、用牛奶煮过的谷物（被视作蔬菜和动物世界的结合之物）、糖渍柑橘和香料（代表远方的人民）以及糖（象征塞壬的歌声甜如蜜）为她准备了礼物。她将这些珍贵的礼物带入海里，拜见海神，将礼物放在海神的脚下。海神用帕尔特诺贝的歌神为引，将这些食物结合到了一起，由此做出了第一个蛋糕。如今，在那里的每家糕点店中都能找到这款蛋糕。而就算是没有天赋异禀，靠一点细心和经验，在家也能将其成功烘焙出来。

巧克力树莓塔（Crostata al cioccolato e lamponi）

难度系数 2

4 人份

总耗时：2 小时 5 分钟（45 分钟制作 +18—20 分钟烘烤 +1 小时冷藏时间）

主体 配料

约 9 盎司（250 克）巧克力口味酥塔皮生面团

内馅 配料

1/3—1/2 量杯（约 100 克）淡奶油

0.3 盎司（约 10 克）葡萄糖浆

7 盎司（约 200 克）白巧克力

4 汤匙（80 克）树莓果酱

装饰 配料

2 量杯（250 克）新鲜树莓

适量糖粉

做　法

　　用擀面杖擀开巧克力口味酥塔皮面团，厚度约 1/8 英寸（3 毫米）。在直径 8 英寸（18—20 厘米）的烤盘上抹油撒粉，铺上塔皮。

　　将树莓果酱抹在塔皮上。然后将其送入烤箱，以 350 ℉（180℃）的温度烤 18—20 分钟左右。

　　将酥塔皮从烤箱中取出，放凉后脱模待用。

　　将白巧克力切碎，放入碗中。向小锅内倒入淡奶油、葡萄糖浆，将其煮热后浇在白巧克力碎块上，使之融化，并将其拌匀至顺滑无颗粒。待巧克力糊稍事稳定后，将其均匀地倒在烤好的酥塔皮上。

　　用新鲜树莓围边，放入冰箱冷藏至少 1 小时。

　　品尝前撒上适量糖粉即可。

塔式甜点

　　树莓（学名：覆盆子）的果实似球，成熟的果实为深粉色，密布细绒毛。因其口感酸甜独特，是烘焙界中的万能配料之一。它就像白巧克力之于本食谱，能创造出风味俱佳的美食。树莓含有的药用成分和丰富的维生素、矿物质等营养被用于药物制剂，当然它还常被用于烘焙烹饪中。自 16 世纪起，意大利和其他地中海国家开始广泛栽培树莓，它的万千优点也渐渐被更多的人所熟知。任时代变迁，人们对它喜爱依旧。

果酱塔（Crostata alla confettura）

难度系数 1

4—6 人份

总耗时：50 分钟（25 分钟制作 +20—25 分钟烘烤时间）

塔皮 配料

10.5 盎司（约 300 克）酥塔皮生面团

内馅 配料

3/4 量杯 +1.5 茶匙（250 克）果酱（口味随意）

做 法

擀开酥塔皮生面团，将其擀成厚度约 1/8 英寸（3 毫米）的饼。再将饼铺在直径 8 英寸（约 20 厘米）的烤盘上。

将果酱抹在饼上。

切去烤盘边缘多余的饼皮，并将其收集在一起，擀成薄片，用模具做成各种各样的造型，装饰于果酱面上。

将做好的果酱塔半成品送入烤箱。350℉（180℃）的温度烤 20—25 分钟左右即可。

烤好后，待完全冷却后脱模。

此果酱非彼果酱

在意大利，柑橘果酱（marmalade）和果酱（jam）总是被相互混用，其实两者大相径庭。欧盟相关政策中已明确指出两者的区别：柑橘果酱由柑橘类水果直接加工制成，原料包括甜橙、柑橘、佛手柑、柠檬、葡萄柚、克莱门氏小柑橘、香柠檬，至少含有 20% 的果肉成分。而果酱，任何水果（甚至是蔬菜，比如在意大利，有种好吃的果酱是用特罗佩亚红洋葱和绿番茄做成的）都可被作为原料，并规定其果蔬含量至少为 35%，如果是〝额外〞添加，最高含量则为 45%。那糖水烩鲜果呢？根据相关法律规定，其果肉含量必须超过 65%。此外，还有一种果酱叫果胶酱，它完全用果汁做成，酱体纯净，不含一点果肉或果皮。

奶油烤塔（Crostata alla crema cotta）

难度系数 1

4—6 人份
总耗时：55 分钟（30 分钟制作 +20—25 分钟烘烤时间）

塔皮 配料
约 12.5 盎司（350 克）巧克力口味酥塔皮生面团

内馅 配料
10.5 盎司（约 300 克）卡仕达酱

装饰 配料
4.5 茶匙（30 克）杏仁果胶（点缀用）
适量糖粉

做　法

　　将巧克力口味酥塔皮生面团擀开，将其擀成厚度约 1/8 英寸（3 毫米）左右的饼，再将饼铺于直径 8 英寸（约 20 厘米）的模具中。

　　在饼面倒上卡仕达酱。

　　修整蛋糕边缘，切除多余的饼皮，并将其收集在一起，擀成片状，再切条，然后将条状面片交叉盖在涂好卡仕达酱的饼面。

　　将做好的奶油烤塔半成品送入烤箱，以 350℉（180℃）的温度烤 20—25 分钟左右即可。

　　待烤好完全冷却后脱模。

　　将油纸剪成条状覆盖在奶油烤塔表面，在其局部撒上糖粉，然后小心移开纸条。在没有撒糖粉的地方刷上杏仁果胶（先用小锅加热融化），即可完成。

经过二次烹饪的奶油馅

　　这款甜品的名字体现了烤奶油这一制作方式，更确切地说是强调了卡仕达酱的存在——一种意式烹饪里常用的基础酱料，用鸡蛋、糖、面粉和牛奶做成，一般会加入香草增添风味。在烤制酥塔时，卡仕达酱会同塔皮一起进入烤箱再次受热烹制。比起一次熬煮而成的卡仕达酱，二次烹饪后的口感越发醇厚。这款奶油烤塔也可以换成可可味的卡仕达酱（搭配原味酥塔皮），或榛果味的卡仕达酱。

巧克力香蕉塔（Crostata alle banane e al cioccolato）

难度系数 3

4—6 人份
总耗时：3 小时 20 分钟（1 小时制作 +20 分钟烘烤 +2 小时冷藏时间）

塔皮 配料
约 9 盎司（250 克）酥塔皮生面团

内馅 配料
约 1 磅（约 500 克）香蕉（切片）
2/3 量杯减去 1 茶匙（100 克）黑糖
1/4 量杯减去 2 茶匙（50 毫升）朗姆酒

甘纳许奶油 配料
1 量杯 +6¾ 茶匙（270 毫升）淡奶油

7 茶匙（35 毫升）葡萄糖浆
10.5 盎司（约 300 克）黑巧克力
约 6.3 盎司（180 克）牛奶巧克力
1/4 量杯 +1 汤匙（70 克）无盐黄油（室温软化）
7 茶匙（35 毫升）朗姆酒

装饰 配料
适量可可粉（撒于表面）

做　法

　　准备甘纳许：将黑巧克力和牛奶巧克力完全切碎，放入碗中。向小奶锅中倒入淡奶油、葡萄糖浆，拌匀煮沸，倒在碎巧克力上，使其完全融化。用硅胶刮刀搅拌（不用打蛋器，因为那样会打入多余空气，打出气泡），至巧克力液顺滑无颗粒。加入切成小块的软化黄油，最后加入朗姆酒，拌匀。找一个直径略小于烤塔皮所用盛器的模具，将做好的甘纳许倒入，直至容器的 3/4 英寸（约 2 厘米）左右高度，将其放入冰箱冷藏 2 小时左右。剩余的甘纳许放一边待用。

　　将酥塔皮生面团擀开，将其擀成厚度约 1/8 英寸（约 3 毫米）左右的饼，再将饼铺于直径 8 英寸（约 20 厘米）的模具中。将其送入烤箱，以 350 ℉（180℃）的温度烤 15—20 分钟左右待用。

　　制作内馅：将黑糖倒入锅中，中火加热融化。向锅中加入切好的香蕉片，待其变焦糖色后，倒入朗姆酒，用酒精焰烤一下。把内馅倒入烤好的塔皮中。

　　从冰箱中取出冷藏好的甘纳许，将甘纳许盖在香蕉馅料上，使其融和。同时，用打蛋器打发之前剩下的甘纳许，并将其装入裱花袋，用裱花嘴挤出丝带般的围边。

　　品尝前撒上可可粉即可。

最佳拍档

　　在蛋糕美学的世界里，香蕉和巧克力是一对儿举世无双的最佳拍档。毫无疑问，在所有水果中，香蕉是和巧克力搭配较成功的。在许多意式甜品中都能发现它们，从本食谱介绍的酥塔，到各式蛋糕、派和饼干，还有梅子饼、冰淇淋、馅饼和布丁都能用到。

柠檬奶油塔（Crostata con crema al limone）

难度系数 2

4—6 人份
总耗时：2 小时 50 分钟（30 分钟制作 +20 分钟烘烤 +2 小时冷藏时间）

塔皮 配料
约 9 盎司（250 克）酥塔皮生面团

内馅 配料
3/4 量杯 +2 茶匙（180 克）无盐黄油
3/4 量杯（150 克）细砂糖
3/4 量杯 +4 茶匙（100 克）糖粉
7 个鸡蛋蛋黄
1/3 量杯 +2¾ 茶匙玉米淀粉
2 个柠檬（榨汁，1/4 量杯 +1 茶匙 /65 毫升）
2 个柠檬（皮屑）

做 法
　　准备塔皮：擀开酥塔皮生面团，将其擀成厚度约 1/8 英寸（3 毫米）的饼。将擀好的饼铺在直径 8 英寸（约 20 厘米）的蛋糕盘上，然后将其送入烤箱，以 350 ℉（180℃）的温度烤 20 分钟左右待用。
　　准备内馅：无盐黄油加细砂糖拌匀。再加入柠檬汁、柠檬皮屑，拌匀待用。
　　向蛋黄中加入糖粉，打发。再向玉米淀粉中过筛加入蛋黄糊，拌匀后再向其中加入黄油糊。将混合糊状物加热至煮沸，搅拌均匀。
　　将煮好的柠檬奶油酱倒入耐高温容器中，不停搅拌，使其快速冷却。
　　在冷却的柠檬奶油酱中倒入之前烤好的塔皮。然后将其放入冰箱冷藏 2 小时。
　　品尝前从冰箱取出，撒上糖粉即可。

令人难忘的柠檬蛋糕
　　同为经典意式甜品的还有奶油柠檬酒香蛋糕——这也是那不勒斯的一道独特美食。1978 年来自阿玛菲海岸的甜品师卡迈恩·曼基洛做出了它，杰诺瓦十蛋糕做底，蘸以调制的柠檬酒糖浆，再抹上香味清新的柠檬奶油，最后，这款蛋糕常用野草莓来做点缀。

巧克力里科塔奶酪塔（Crostata con ricotta e cioccolato）

难度系数 2

4—6 人份
总耗时：2 小时 15 分钟（45 分钟制作 +25—30 分钟烘烤 +1 小时冷藏时间）

塔皮 配料
约 9 盎司（约 250 克）酥塔皮生面团

1 撮盐
1 撮香草粉

内馅 配料
约 2/3 量杯（150 克）里科塔奶酪
约 2 汤匙（30 克）无盐黄油（融化）
约 8½ 汤匙（35 克）细砂糖
约 4 茶匙（10 克）低筋面粉

7.5 盎司（约 210 克）巧克力口味甘纳许

装饰 配料
适量可可粉（撒于表面）

做　法

准备塔皮：擀开酥塔皮生面团，将其擀成厚度约 1/8 英寸（3 毫米）的饼。在直径 8 英寸（约 20 厘米）的模具上抹油撒粉后，放上擀好的塔皮待用。

准备内馅：将里科塔奶酪滤去多余水分后，加入细砂糖、盐和香草粉，拌匀。再向其中加入过筛的低筋面粉和融化的黄油（温热即可，无须煮沸）。将其拌匀后，倒在塔皮上，将准备好的半成品送入烤箱，以 325 °F（170℃）的温度烤 25—30 分钟。

将烤好的塔底取出烤箱，放凉后脱模。

将巧克力口味甘纳许倒在晾凉的奶酪馅上。

将成品放入冰箱冷藏至少 1 小时。

品尝前从冰箱取出，按个人喜好，撒些可可粉装饰即可。

不胜枚举的巧克力奶酪塔

巧克力奶酪塔是最美味的意式甜品之一，它的做法也有千万种。它所用的里科塔奶酪可以和各种不同的食材融合，做出各种不同的口味，例如可以用肉桂和几滴马沙拉葡萄酒及里科塔奶酪相融合，再加上葡萄干或松子仁，口感会更棒。巧克力部分可以选用巧克力口味甘纳许。巧克力口味的内馅通常搭配撒在表面上的可可粉，它与白色的奶酪、棕色的酥皮形成对比，增加了甜品的造型感。

南瓜杏仁塔（Crostata con zucca e mandorle）

难度系数 2

4 人份
总耗时：1 小时 15 分钟（45 分钟制作 +25—30 分钟烘烤时间）

塔皮 配料
约 9 盎司（约 250 克）酥塔皮生面团

内馅 配料
约 1 磅（约 500 克）南瓜
约 1/2 量杯（200 毫升）淡奶油
约 5½ 茶匙（15 克）玉米淀粉

2 个鸡蛋蛋黄
1/3 量杯 +1 汤匙（80 克）细砂糖
3.5 盎司（约 100 克）巴旦木薄片
1/2 个柠檬皮屑
1/2 根香草荚
适量糖粉

做　法

　　准备内馅：先将南瓜洗净，切小块，放入烤箱，以 350 ℉（180℃）的温度烤半小时，烤熟变软即可（为防止上色过深，烤的时候可在其表面覆盖锡纸）。烤好后冷却、去籽，再用搅拌机打成南瓜蓉待用。

　　向鸡蛋蛋黄中加入细砂糖，用打蛋器将其打发。再向其中加入过筛的玉米淀粉，拌匀。

　　向小锅中倒入淡奶油、对半剖开的半根香草荚，煮沸后再倒入蛋黄糊，用蛋抽拌匀。将混合液体倒回锅内，继续加热，不停搅拌，做法同制作卡仕达酱。

　　混合酱离火后取出香草荚，冷却后与南瓜蓉拌匀，再拌入柠檬皮屑待用。

　　准备塔皮：用擀面杖擀开酥塔皮生面团，将其擀成厚度约 1/8 英寸（3 毫米）的饼。将生饼皮铺在直径 8 英寸（约 20 厘米）的模具里。向铺好饼皮的模具中倒入准备好的南瓜奶油馅，铺匀。

　　将做好的半成品送入烤箱，以 350 ℉（180℃）的温度烤半小时左右。待其完全冷却后脱模。

　　表面放上巴旦木薄片，撒些糖粉装饰即可。

南瓜新做法

　　原产于中美洲一代的南瓜，早已漂洋过海，现在成为意大利人餐桌上重要的蔬果之一，许多意式传统菜肴都以此做成，例如经典的曼图亚南瓜意式饺子，它通常搭配融化的黄油、鼠尾草和帕玛森干酪；米兰的南瓜汤和烩饭，称得上最佳食物搭配冠军；将南瓜做成果酱和腌菜，搭配奶酪、肉食都不错；南瓜也能用于蛋糕、饼干，甚至冰淇淋这些精致甜品里。可以说，南瓜那明亮活泼的一抹橙色点亮了整个餐桌。

樱桃玛琳塔（Crostata di ciliegie meringata）

难度系数 2

4 人份
总耗时：2 小时 10 分钟（50 分钟制作 +20 分钟烘烤 +1 小时静置时间）

塔皮 配料
约 9 盎司（250 克）巧克力口味酥塔皮生面团

内馅 配料
2½ 量杯（375 克）去核樱桃
1/3 量杯 +2 茶匙（75 克）细砂糖
1/3 量杯 +1 茶匙（45 克）玉米淀粉

1/2 个柠檬（榨汁）

意式玛琳饼 配料
1/2 量杯 +2 汤匙（125 克）白砂糖（分为 1/2 量杯 +2 茶匙和 3½ 茶匙）
2 汤匙（30 毫升）水
2 个鸡蛋蛋白

做 法

准备塔皮：将巧克力口味酥塔皮生面团擀开，将其擀成厚度约 1/8 英寸（3 毫米）的饼，再将生饼皮铺于直径 8 英寸（约 20 厘米）的模具中。把铺好饼皮的烤盘送入烤箱，以 350 ℉（180℃）的温度烤 15—20 分钟待用。

准备内馅：在小锅中放入樱桃、柠檬汁，煮沸。把细砂糖和玉米淀粉混合后倒入锅中，煮几分钟后，离火放凉。

将已放凉的樱桃酱倒在烤好的塔皮上，放入冰箱冷藏待用。

准备意式玛琳饼：先将 1/2 量杯 +2 茶匙（约 110 克）的白砂糖倒入水中，加热（最好用铜制小锅）。同时在蛋白中加入剩余的 3½ 茶匙（约 15 克）白砂糖，打发。

待锅内糖液温度达到 250 ℉（121℃）时，慢慢少量地拌入蛋白糊，搅拌至其冷却。

从冰箱中取出之前做好的樱桃酱塔，在裱花袋中装入蛋白糊，并将其挤在樱桃酱上，作为点缀。最后用火枪将饼面烤至金黄即可。

意式蛋白饼

不同于"法式蛋白饼"，意式做法中，时间更多的是花费在把葡萄糖浆加热到 250 ℉（121℃），而不是等烤箱烘烤。意式蛋白饼（即本款甜品中的"意式玛琳饼"），颜色特别白，口感也比较硬，可以用勺子做个测试——勺子插入蛋白饼后能直立起来。独具风味的蛋白饼很适合用来装饰蛋糕或者酥塔，用火枪将其表面烤至金黄后更加秀色可餐，另外，它搭配水果慕斯、奶酪或者冰镇甜品也不错。

什锦果仁塔（Crostata di frutta secca）

难度系数 2

4—6 人份
总耗时：1 小时（35 分钟制作 +25 分钟烘烤时间）

塔皮 配料
约 9 盎司（250 克）酥塔皮

内馅 配料
3/4 量杯（150 克）细砂糖
1 盎司（约 30 克）榛子仁
1 盎司（约 30 克）核桃仁
1 盎司（约 30 克）巴旦木
1 盎司（约 30 克）松仁

1 盎司（约 30 克）开心果果仁
约 4 茶匙（10 克）低筋面粉
1 个鸡蛋
1 根香草荚

装饰 配料
4.25 盎司（约 120 克）什锦坚果果仁
7½ 茶匙（50 克）杏子果胶

做　法
　　准备内馅：用食物搅拌机将所有坚果和细砂糖打成粉末，再加入低筋面粉，和匀。
　　用刀把香草荚纵向对半剖开，取籽放入上述坚果混合物，再向其中加入鸡蛋。充分拌匀。
　　准备塔皮：擀开酥塔皮面团，将其擀成厚约 1/8 英寸（3 毫米）的饼，并将饼皮铺于直径 8 英寸（约 20 厘米）的模具中，再向铺好饼皮的模具里倒入坚果糊，倒至 3/4 满即可。将做好的半成品送入烤箱，以 350 ℉（180℃）的温度烤 25 分钟左右。
　　烤好后取出冷却，脱模。然后在其表面铺上一些什锦坚果果仁。
　　最后将加热的杏子果胶刷于果仁表面即可。

健康的坚果食品

　　在意大利，坚果被称为"干果"，本食谱中所用的干果可以被划分为"油类"干果，因为它们高脂低糖，其代表性的高油脂干果包括可可、腰果，还有能想到的其他干果，如巴旦木、榛子仁、核桃仁、松仁和开心果果仁，都是意大利人所常吃的"籽"。另外还有一些干果因高糖低脂而被分为"糖类"干果，其中有杏子、菠萝、苹果、香蕉、葡萄、大枣、李子、无花果、芒果等。"油类"干果即"高油脂的"，它们通常都是高蛋白、高能量的干果，非常适合饮食偏素、素食主义者和运动人群用来补充营养。这类干果中所含的不饱和脂肪酸能有效预防许多疾病。所以如果能避开进餐时间，每次适量食用，是有益身体健康的。

苹果塔（Crostata di mele）

难度系数 1

4—6 人份
总耗时：55 分钟（30 分钟制作 +25 分钟烘烤时间）

塔皮 配料
约 9 盎司（约 250 克）酥塔皮

内馅 配料
3.5 盎司（约 100 克）卡仕达酱或果酱（口味随意）
约 1 磅（约 500 克）苹果

装饰 配料
3 汤匙（60 克）杏子果胶（抹面用）

做 法

准备塔皮：擀开酥塔皮面团，将其擀成厚约 1/8 英寸（3 毫米）的饼，将饼皮铺于直径 8 英寸（约 20 厘米）的模具中。

在塔皮上抹上卡仕达酱或果酱。

将苹果削皮去核，对半切开，切成厚约 1/8 英寸（3 毫米）的薄片。

将苹果片漂亮地叠放在酱面上。

将苹果塔半成品送入烤箱，以 350 ℉（180℃）的温度烤 20—25 分钟左右。

完全冷却后取出、脱模。最后在苹果片表面刷上加热好的杏子果胶即成。

一千零一种苹果蛋糕

苹果蛋糕是意式甜品中再经典不过的一道甜品了，做法也因人而异。可以做成酥塔式的蛋糕，表面铺着一片叠着一片的苹果薄片——正如本食谱所介绍的那样；也可以做成一般的蛋糕，将苹果切丁、切片，或熬成果酱，加入到面糊中。有些做法简单至极，只需几步就能准备好可口的早餐。还有一些则需要花点心思，要用到巧克力块、葡萄干、巴旦木薄片、碎榛子仁或松仁等。常用的调味料有肉桂、香草、柠檬、香橙皮屑等。

里科塔奶酪塔（Crostata di ricotta）

难度系数 2

4—6 人份

总耗时：1 小时（20 分钟制作 +40 分钟烘烤时间）

塔皮 配料

约 9 盎司（约 250 克）酥塔皮

内馅 配料

1 量杯（250 克）里科塔奶酪

1/3 量杯 +3/4 茶匙（65 克）细砂糖

10½（50 克）无盐黄油（融化）

5¾ 茶匙（15 克）低筋面粉

1/3—1/2 量杯（约 65 克）葡萄干（温水泡软后滤干待用）

1 撮盐

1/2 个柠檬皮屑

做 法

准备内馅：将里科塔奶酪滤去多余的水分，然后加入细砂糖、融化的黄油、低筋面粉、柠檬皮屑、盐，最后加入葡萄干。充分拌匀待用。

准备塔皮：擀开酥塔皮面团，将其擀成厚约 1/8 英寸（3 毫米）的饼，将饼皮铺于直径 8 英寸（约 20 厘米）的模具中。把之前准备好的奶酪糊倒入铺好饼皮的模具中，至模具的 2/3 满即可。切下的多余的塔皮，将多出的塔皮料整形后交叠放在奶酪糊面上。将里科塔奶酪塔半成品送入烤箱，以 350℉（180℃）的温度烤 40 分钟左右。

烤好后取出，待完全冷却后脱模即可。

意大利人日常必备的奶酪

里科塔奶酪是乳清蛋白在高温下凝结之后加工而成的一种乳制品（乳清是制作乳酪过程中，牛奶凝结后分离出的半透明液体）。"里科塔"一名来自于拉丁语"recocta"，有"二次烹制"的意思，正好说明了它所需的两道生产工艺。因其柔和的口感，被广泛用于日常甜品的制作和菜肴烹饪中，在意大利的中南部地区特别受欢迎。里科塔奶酪可以用牛奶、绵羊奶、山羊奶或水牛奶、混合奶加工制成。

热那亚圣诞蛋糕（Panettone genovese）

难度系数 2

4 人份
总耗时：1 小时 30 分钟（30 分钟制作 +1 小时烘烤时间）

配　料
约 1⅓ 量杯（170 克）低筋面粉
1/3 量杯 +3/4 茶匙（65 克）细砂糖
1/4 量杯 +1¾ 茶匙（65 克）无盐黄油（室温软化）
1/3 量杯（50 克）葡萄干（温水浸泡 15 分钟，变软后滤干待用）
约 8 茶匙（20 克）松子仁
1 个鸡蛋
1/4 量杯（20 克）榛子仁（切碎）
约 1 盎司（约 25 克）糖渍水果和樱桃（切成小丁）
约 1½ 茶匙（5 克）泡打粉
1 撮盐

做　法
　　将低筋面粉、泡打粉和盐混合后过筛，放在一旁待用。把无盐黄油放入碗中，加细砂糖搅匀，再加入鸡蛋，拌匀后再加入之前混合好的面粉，拌匀。
　　再拌入松子仁、糖渍水果和樱桃果丁、切碎的榛子仁、葡萄干。简单搅拌即可，切勿搅拌过度。
　　将上述混合物面团滚搓成球，放在铺好烘焙油纸的烤盘上，轻轻压平。
　　将准备好的半成品送入烤箱，以 325℉（170℃）的温度烤 50—60 分钟左右即成。

松果之仁，为爱而食
　　大概有二十余种松树的种子仁可用于烹饪，颗粒够大的松子仁可作为经济作物种植，而另一些品种，因果仁太小而无法当成食品。在欧洲，有两种松树能结出大颗松子——常见的有意大利伞松，属欧洲五针松的瑞士石松。松子仁营养丰富，蛋白质、抗氧化成分含量极高，可提供高能量。早在史前社会，人们就懂得食用松子仁。自古代起，其强筋壮阳的功效就受到人们喜爱。古罗马诗人奥维德在著作《爱的艺术》中，将松子仁描述成能增进情爱能力的食补之一。

阿布鲁佐圣诞蛋糕（Parrozzo）

难度系数 2

4 人份

总耗时：1 小时 30 分钟（40 分钟制作 +50 分钟烘烤时间）

主体蛋糕 配料

4 个鸡蛋

1/2 量杯 +1 汤匙（70 克）低筋面粉

4 汤匙 + 约 1 茶匙（35 克）马铃薯淀粉

3/4 量杯 +2 汤匙（125 克）甜巴旦木（去皮）

2—3 颗苦巴旦木

3/4 量杯 +2½ 茶匙（160 克）细砂糖

3¼—3½ 茶匙（约 12 克）泡打粉

1 个柠檬皮屑

约 2 茶匙（10 克）无盐黄油（涂抹模具用）

适量面粉（涂抹模具用）

装饰 配料

1/4 量杯减去 2 茶匙（50 毫升）淡奶油

3.5 盎司（100 克）黑巧克力

适量巴旦木薄片

做 法

　　向去皮甜巴旦木和苦巴旦木中加入一些低筋面粉（适量低筋面粉可防止坚果搅打时出油），用食物搅拌机打碎。剩余的低筋面粉，与马铃薯淀粉、泡打粉混合后过筛，拌入打碎的巴旦木中待用。

　　将鸡蛋蛋黄分离出来倒入碗中，加入一半的细砂糖，打发，然后拌入柠檬皮屑。

　　将剩余的细砂糖倒入分离出的蛋白，打发。

　　取 1/4 蛋白糊拌入蛋黄糊，往 "稀释"后的蛋黄糊中拌入打碎的巴旦木，最后与剩余的蛋白糊拌匀。

　　在半球形的模具内壁上抹油撒粉，倒入经上述步骤准备好的蛋糕糊。将半成品送入烤箱，以 350 ℉（170—180℃）的温度烤 45—50 分钟左右。

　　烤好后取出烤箱脱模，在晾架上放凉待用。

　　将淡奶油倒入小奶锅中煮沸，离火后加入切碎的黑巧克力，搅拌至碎巧克力完全融化。将巧克力奶油液淋在蛋糕表面。

　　最后在巧克力奶油上撒些巴旦木薄片即可。

杏树的由来

　　在神话传说中，杏树的背后有着一个悲伤却温暖、充满爱的故事。忒修斯和淮德拉之子得摩丰与比萨尔提亚国国王吕库尔戈斯之女菲莉丝真心相爱，在两人谈婚论嫁之时，特洛伊战争爆发。得摩丰承受着不得不与未婚妻离别的巨大痛苦，与其他希腊英雄们一起出兵征战。可怜的菲莉丝苦苦等候十年，心灰意冷地以为未婚夫战死沙场，于是悬梁自尽。这份至死不渝的爱情让雅典娜女神深受感动，便将这女孩变成了一株美丽的杏仁树。然而得摩丰并没有死，他回来后发现未婚妻死后化成了树，于是他绝望地抱紧了树干，与此同时，树的枝丫上竟然开出了烂漫的花朵来回应他的拥抱。

那不勒斯复活节蛋糕（Pastiera napoletana）

难度系数 3

4 人份

总耗时：2 小时 30 分钟（50 分钟制作 +1 小时冷藏 +40 分钟烘烤时间）

蛋糕底 配料

1½ 量杯 +2 汤匙（200 克）低筋面粉

1/3 量杯 +5 茶匙（100 克）无盐黄油（室温软化）

1/2 量杯（100 克）细砂糖

约 1/2 茶匙泡打粉

1 个鸡蛋

1 个柠檬皮屑

1 撮盐

馅料 配料

1 量杯（250 克）里科塔奶酪

8 盎司（约 225 克）卡仕达酱

2/3 量杯减去 2 茶匙（75 克）糖粉

1 个鸡蛋蛋黄

约 5.3 盎司（150 克）熟小麦粉

1.75 盎司（50 克）糖渍佛手柑（切成小丁）

适量橙花水

装饰 配料

适量糖粉

做 法

准备饼坯：向无盐黄油中加入细砂糖，打匀。再向其中加入鸡蛋、柠檬皮屑和盐，拌匀。将低筋面粉、泡打粉混合在一起，过筛后加入到黄油糊中。和面。

面团和好后，用保鲜膜将其密封，放入冰箱冷藏至少 1 小时。1 小时后，取出面团，在撒了些面粉的操作台上，将面团擀成约 1/8 英寸（3—4 毫米）的厚度。将饼皮铺于模具上（可预留一些面团，给表面做点装饰）待用。

准备馅料：用滤网去掉里科塔奶酪多余的水分，然后将其与卡仕达酱、糖粉、蛋黄、熟小麦粉、糖渍佛手柑小丁、橙花水混合拌匀。

把混合好的馅料倒入铺好饼皮的模具中，再铺上剩余面皮做的装饰。将半成品送入烤箱，以 350 ℉（180℃）的温度烤 40 分钟左右。烤好后将其取出烤箱，待完全冷却后脱模。

在品尝前，撒上糖粉即可。

芬芳花水增添诱人香气

在意大利南部，橙花水是一种传统的原料，可用于制作饼干、蛋糕和奶油。它气味芬芳，富含芳香精华，在芳香理疗中，特别用于舒缓、放松精神。花水可以到商店买现成的，也可以在家自己做。制作 4¼ 量杯（1 升）的花水，需要 9 盎司（250 克）橙花和 4¼ 量杯（1 升）的纯净水。在一个密封容器中倒入花和水，静置 24 小时，在此期间时不时地摇晃容器。泡好的花水过滤后即可用。

葡萄干蛋糕（Plum cake）

难度系数 2

4—6 人份

总耗时：1 小时 10 分钟（25 分钟制作 +45 分钟烘烤时间）

配　料

1½ 量杯（190 克）低筋面粉

1/2 量杯 +2½ 茶匙（125 克）无盐黄油（室温软化）

1 量杯 +2 茶匙（125 克）糖粉

2 个鸡蛋

约 3 盎司（90 克）葡萄干和糖渍果脯

4 茶匙（20 毫升）朗姆酒

约 2 茶匙（6.5 克）泡打粉

1/2 个柠檬皮屑

适量香草粉

1 撮盐

做　法

将葡萄干和糖渍果脯放入低筋面粉里，外皮少量上粉（此处面粉用量不包含在配料内）待用。

在大碗中放入无盐黄油和糖粉，打发。

向打发的黄油中加入柠檬皮屑，再分多次加入蛋液，每次加入蛋液都需充分拌匀。

向上述黄油糊中加入朗姆酒。

将低筋面粉、泡打粉和盐混合均匀后过筛加入黄油糊，并加入香草粉。

最后拌入沾过粉的果脯。

在烤蛋糕的模具中铺好烘焙油纸，倒入蛋糕糊，装至 3/4 满。

将装有蛋糕糊的模具送入烤箱，以 350℉（180℃）的温度烘烤 45 分钟。当蛋糕膨胀到与模具同高时，从烤箱中取出，用小刀将蛋糕切成片状即可。

意式"葡萄干蛋糕"

英语中"葡萄干蛋糕"这一词条解释为起源于德国的一种矮胖的长方形蛋糕，原名"Plaumenkuchen"。它的做法通常是葡萄干切碎后铺于蛋糕顶上或轻压入蛋糕糊中一同烤制，就像某些水果塔的做法。在意式烹饪中，"葡萄干蛋糕"则意味着烘烤过的发酵点心，特别适合早餐或下午茶时享用。只要你准备好面粉、鸡蛋、黄油和糖拌成的面糊，加入葡萄干、巧克力、柠檬或酸奶等配料（比起酥塔皮，它的质地更像是湿软的海绵蛋糕），然后将面糊倒入传统形状的特制模具中（造型好似长方体），送入烤箱，不一会儿，你就能闻到葡萄干蛋糕的香甜气味了。早在 19 世纪末期，佩雷戈里诺·阿尔杜吉在他著名的厨房实验和饕餮的艺术中，就将葡萄干蛋糕定义为"名不副实的甜品"，因为那时的"葡萄干蛋糕"里面根本没有葡萄干……

松仁蛋糕（Torta ai pinoli）

难度系数 2

4—6 人份

总耗时：55 分钟（30 分钟制作 +25 分钟烘烤时间）

蛋糕底 配料

约 9 盎司（250 克）酥塔皮生面团

内馅 配料

2.5 盎司（约 70 克）卡仕达酱

10½ 茶匙（50 克）无盐黄油（室温软化）

1/4 量杯（50 克）细砂糖

约 8 茶匙（20 克）松子仁

约 1/4 量杯（30 克）巴旦木

4 茶匙（10 克）低筋面粉

2 茶匙（10 毫升）朗姆酒

1 个鸡蛋

装饰 配料

1/3 量杯 +1¾ 茶匙（50 克）松子仁

适量糖粉

做 法

准备内馅：将巴旦木、松子仁和细砂糖放入食物搅拌机中打成粉。

将无盐黄油、松子仁放入碗中，打匀，再拌入低筋面粉，加入鸡蛋，最后加入卡仕达酱和朗姆酒，混合均匀待用。

准备塔皮：将酥塔皮生面团擀成约 1/8 英寸（3 毫米）左右的厚度的饼，将饼皮铺于直径 8 英寸（约 20 厘米）的蛋糕模具中。向铺好的饼皮中倒入内馅，至其 2/3 满。

在内馅的表面铺满松子仁，撒少许糖粉，送入烤箱，以 350 ℉（180℃）的温度烤 25 分钟左右。

待冷却后脱模。表面再撒适量糖粉装饰即可。

甜口朗姆酒

虽然朗姆酒曾经的名字不同于现在，但自古代起人们就懂得用甘蔗蜜糖做原料蒸馏制得朗姆酒。如今为我们所熟悉的朗姆酒其实是在 15 世纪在伦敦初次蒸馏成功，它的名字可能来自于单词"rum-ble"（意为隆隆作响）的前三个字母，也可能来自于甘蔗的学名"Saccharum officinarum"。它浓烈的口感和酒劲、果味十足的香气，在许多意式传统菜肴中均有用武之地。

蜜桃杏仁蛋糕（Torta con pesche e mandorle）

难度系数 3

4—6 人份
总耗时：1 小时 15 分钟（40 分钟制作 +35 分钟烘烤时间）

蛋糕底 配料
约 9 盎司（250 克）酥塔皮生面团

内馅 配料
5 个鸡蛋
4 个鸡蛋蛋黄
2/3 量杯 +1½ 茶匙（140 克）细砂糖
3/4 量杯 +2½ 茶匙（100 克）低筋面粉
3 汤匙 +2¼ 茶匙（30 克）马铃薯淀粉
1/2 量杯 +1 汤匙（80 克）甜巴旦木
约 0.75 盎司（约 20 克）杏仁

1/4 量杯 +1¾ 茶匙（65 克）无盐黄油（融化）
3.5 盎司（约 100 克）卡仕达酱
2 个桃子（新鲜或罐头）
适量杏仁饼干（掰碎）
适量巴旦木（切碎）

装饰 配料
1 个鸡蛋
蛋糕装饰用果胶
适量糖粉

做 法

准备蛋糕底：将酥塔皮生面团擀平后铺在直径 8 英寸（约 20 厘米）的模具中，向铺好的饼上涂抹卡仕达酱，然后铺上新鲜或罐装桃肉，表面撒上掰碎的杏仁饼干待用。

准备内馅：将全蛋蛋液、蛋黄和细砂糖混合，并稍稍加热，用蛋抽打发待用。

用食物搅拌机将甜巴旦木、杏仁打成粉，再拌入低筋面粉、马铃薯淀粉，然后加入之前准备好的蛋糊，最后加入融化的黄油，拌匀。

将做好的内馅糊倒入之前准备好的饼模中，撒上碎杏仁饼干和巴旦木碎果仁（也可以撒整颗巴旦木）。

在表面切割出十字交叉纹，刷上蛋液。

将半成品送入烤箱，以 350 ℉（180℃）的温度烤 35 分钟左右。烤好后取出烤箱，待完全冷却后脱模。

在十字纹凹凸处涂上蛋糕装饰用果胶，撒上适量糖粉即成。

马铃薯淀粉——从摄影走向烘焙

白色的马铃薯淀粉，食之无味、闻之亦无味，马铃薯通过干燥处理后精磨而成。在烘焙中，它经常作为奶油、布丁、蛋糕、饼干或酥皮的增稠剂来使用，增加液体的软稠度。关于它还有个有意思的故事：马铃薯曾在彩色照片诞生伊始扮演了重要角色——马铃薯粉粒与某种化学液体发生反应，在感光作用下可洗出彩色照片。1903 年通过专利认证的奥托克罗姆微粒彩屏干版工艺，于 1907 年被卢米埃兄弟投向市场。

杏仁清蛋糕（Torta delizia）

难度系数 2

6 人份

总耗时：12 小时 40 分钟（40 分钟制作 +12 小时静置时间）

风味糖浆 配料

1/3 量杯 +1 汤匙（80 克）白砂糖

8 茶匙（40 毫升）黑樱桃酒或香橙利口酒

2 汤匙（30 毫升）水

主体蛋糕 配料

1 个直径 7 英寸（约 18 厘米）、重约 10.5 盎司（300 克）的海绵蛋糕坯

1/2 量杯减去 1½ 茶匙（150 克）杏子酱

杏仁奶油 配料

3/4 量杯 +2 汤匙（125 克）巴旦木

3/4 量杯（150 克）细砂糖

4 个鸡蛋蛋黄

1 个鸡蛋蛋白

装饰 配料

3 汤匙（60 克）杏子酱（可选）

做 法

准备风味糖浆：将白砂糖溶于水，煮沸，放凉后加入黑樱桃酒或香橙利口酒，搅拌均匀待用。

准备主体蛋糕：将海绵蛋糕坯等分三层。

取 1/3 的杏子酱抹在底层蛋糕坯上，然后刷上风味糖浆。以相同的步骤，制作另外两层蛋糕坯，并依次盖上，将杏子酱抹在蛋糕四周做围边。

准备杏仁奶油：将巴旦木和细砂糖充分打碎，加入鸡蛋蛋白、蛋黄，搅拌至坚果糊质地松软。拌匀后装入裱花袋。

在蛋糕表面和外圈，用裱花嘴将杏仁糊挤出花篮编制藤条的形状。

将半成品静置 12 小时左右，晾干后送入烤箱，以 450 °F（230—240℃）的温度烤几分钟，至表面轻微上色即可。

烤好的蛋糕取出放凉。可按个人喜好，在表面刷上杏子酱即成。

真正的点心

杏仁清蛋糕是一道经典又特别的意式甜品，香甜诱人至极，是名副其实的清蛋糕。最广为人知的做法正如本菜谱中介绍的，海绵蛋糕搭配杏子酱，还有别的做法是搭配杏仁口味的卡什达酱，同样很受欢迎。再也没有什么软绵的奶油酱能比杏仁卡什达酱更适合搭配这款蛋糕了。

胡萝卜蛋糕（Torta di carote）

难度系数 1

4—6 人份
总耗时：1 小时 5 分钟（30 分钟制作 +35 分钟烘烤时间）

蛋糕 配料

约 1¼ 量杯（130 克）胡萝卜（打成泥）

3/4 量杯减去 1½ 茶匙（90 克）低筋面粉

1/3 量杯（75 克）无盐黄油（室温软化）

1/3 量杯 +2 茶匙（75 克）细砂糖

1/2 量杯（50 克）甜巴旦木果仁（切碎）

5 茶匙（25 毫升）牛奶

2 个鸡蛋蛋黄

2 个鸡蛋蛋白

2 汤匙（7 克）泡打粉

1/2 个柠檬皮屑

适量黄油、面粉（涂抹模具用）

装饰 配料

适量杏仁酱

适量糖粉

做 法

将低筋面粉和泡打粉混合后放在一旁待用。取 1/3 的细砂糖加入无盐黄油，用蛋抽打发。

将 2 个鸡蛋蛋黄、牛奶、混合面粉拌匀，少量多次地逐一加入黄油糊中。

向黄油糊中加入甜巴旦木碎果仁、胡萝卜泥和柠檬皮屑，搅拌均匀待用。

向鸡蛋蛋白中加入剩余细砂糖，打发至立起尖角后，加入上一步准备好的果泥面糊，拌匀。

在 8 英寸（约 20 厘米）蛋糕模具内壁涂油抹粉后，倒入蛋糕糊。

将蛋糕半成品送入烤箱，以 325 °F（170℃）的温度烤 35 分钟左右。

将烤好的蛋糕取出放凉，撒上糖粉，四边围上杏仁酱即成。

让孩子爱上胡萝卜的小魔法

胡萝卜蛋糕省时又省力，特别受到孩子们的喜爱。因此这款蛋糕是让他们爱上胡萝卜这种营养丰富、高维生素蔬菜的好方法。这款蛋糕味道柔和、质地松软，是早餐或下午茶的不错选择。胡萝卜蛋糕制作起来也有很多出色的搭配组合，胡萝卜可以配苹果，还有的做法中会加一些酸奶，让蛋糕的口感更松软，另外，追求高营养的人还可以加上核桃仁、巴旦木或榛子，想要口味更浓醇的，可以拌上巧克力碎屑或抹上巧克力糖衣。

榛果蛋糕（Torta di nocciole）

难度系数 1

4—6 人份
总耗时：55 分钟（25 分钟制作 +30 分钟烘烤时间）

配　料
1/3 量杯 +1 汤匙（90 克）无盐黄油
3/4 量杯（90 克）糖粉
1/2 量杯 +1 汤匙（70 克）低筋面粉
约 1.5 盎司（40 克）榛子酱
5¾ 茶匙（15 克）精磨玉米粉
1 个鸡蛋
2 个鸡蛋蛋黄
约 2 茶匙（2 克）可可粉
约 1/2 茶匙（2 克）泡打粉
1 小包香草粉或 1 根香草荚（剖开刮籽）
1 撮盐
适量黄油和面粉（或榛果碎果仁，涂抹模具用）

做　法
　　无盐黄油加糖粉，用打蛋器打匀。向黄油中少量多次加入榛子酱和蛋液，拌匀待用。
　　将低筋面粉、精磨玉米粉、可可粉、香草粉（或香草荚）、盐和泡打粉混匀后过筛，加入上述榛子糊，拌匀。
　　在直径 8 英寸（约 20 厘米）的蛋糕模具内壁上抹油撒粉（也可以粘上碎榛子仁）后，倒入榛子面糊，至模具 3/4 满即可。
　　将半成品送入烤箱，以 350 ℉（180℃）的温度烤 30 分钟左右即成。

甜品里的发酵剂

　　在意式烘焙中，常用膨松剂有三种——啤酒酵母、活酵母菌或干粉，这种膨松剂在一些特定的甜品中会用到，例如布里欧修或酥皮类点心；泡打粉，主要是食用小苏打粉和其他酸性添加剂混合而成，主要用于无须打发鸡蛋的甜品制作，以使其快速发酵；食用小苏打，其发酵力比泡打粉更胜一筹，也许是因为有比较特别的回味，使得小苏打是三种添加剂之中最少使用的。当然，厨房里也会用到天然膨松剂，如老面——面粉加水和好之后，在保存过程中酵母菌和乳酸菌使其酸化，开始发酵。塔塔粉也是一种天然膨松剂，一种酒石酸钾盐，可以单独使用，也可以混合以少量泡打粉，它可以使甜品口感更为柔韧松软。

核桃蛋糕（Torta di noci）

难度系数 2

4—6 人份
总耗时：1 小时 5 分钟（35 分钟制作 +30 分钟烘烤时间）

蛋糕底 配料
约 9 盎司（250 克）巧克力口味酥塔皮生面团
约 1 汤匙（25 克）杏子酱

内馅 配料
1/3 量杯 +5 茶匙（100 克）无盐黄油
1/2 量杯（100 克）细砂糖
约 2/3 量杯（60 克）核桃仁
1/3 量杯 +1 汤匙（50 克）低筋面粉
3 汤匙 +2¼ 茶匙（30 克）马铃薯淀粉

1 盎司（约 30 克）糖渍橙皮
约 0.75 盎司（20 克）黑巧克力（融化）
3 个鸡蛋蛋黄
1 个鸡蛋
约 1/2 茶匙（2 克）泡打粉

装饰 配料
1/2 量杯（50 克）核桃仁（切碎）
适量糖粉

做 法

准备内馅：向核桃仁中加入一点面粉，用食品搅拌机充分打碎。

低筋面粉、马铃薯淀粉和泡打粉混合后过筛，放一边待用。把无盐黄油倒入碗中，加入细砂糖，用打蛋器打匀。

将鸡蛋和蛋黄打匀，少量多次地向黄油中加入蛋液，拌匀。再向黄油糊中逐一加入核桃仁碎粉、融化的黑巧克力、糖渍橙皮丁，拌匀。最后，拌入过筛好的混合粉类，拌匀待用。

准备蛋糕底：将巧克力口味酥塔皮生面团用擀面杖擀开，擀至厚度 1/8 英寸（约 3 毫米）左右。将擀好的饼放在直径 8 英寸（约 20 厘米）的蛋糕模具中。饼底涂一层杏子酱。

向饼底倒入核桃面糊，装至模具 3/4 满。

将蛋糕半成品送入烤箱，以 350 ℉（180℃）的温度烤 30 分钟左右。

蛋糕烤好取出后，在其表面撒上碎桃仁、适量糖粉即可。

为核桃仁欢呼鼓掌

核桃仁是核桃树结出的果实中可食用的果肉部分，也是甜品食谱中的常见配料之一。它营养价值极高，被视作灵丹妙药。核桃仁中富含矿物质，特别是钙、镁、维生素 E 等微量元素，还有重要的如欧米伽 3、欧米伽 6、叶酸和抗氧化成分。一天吃上 3、4 个核桃能让营养摄入更为均衡，十分有益健康。当然，在食用核桃时也要提防它的高热量，用它取代一部分餐食，而不是作为加餐来食用会更健康。

巧克力蜜梨蛋糕（Torta di pere e cioccolato）

难度系数 2

4—6 人份

总耗时：1 小时（30 分钟制作 +30 分钟烘烤时间）

蛋糕底 配料

约 9 盎司（约 250 克）酥塔皮生面团

2½ 汤匙（50 克）梨子酱

8 茶匙（20 克）开心果果仁（切碎）

3/4 量杯 +2½ 茶匙（100 克）低筋面粉

1/4 量杯减去 2 茶匙（18 克）可可粉

约 1½ 茶匙（5 克）泡打粉

2 个生梨

1 撮盐

内馅 配料

10½ 茶匙（50 克）无盐黄油（室温软化）

1/4 量杯（50 克）细砂糖

1 个鸡蛋

约 1/4 量杯 +2 茶匙（70 毫升）牛奶

装饰 配料

1.75（约 50 克）盎司蛋糕装饰用果胶

8 茶匙（20 克）开心果果仁（切碎）

做　法

准备蛋糕底：操作台上撒粉，将酥塔皮生面团擀成约 1/8 英寸（3 毫米）左右的厚度，放入直径 8 英寸（约 20 厘米）的圆模具（或好几个小派盘）中。在饼上刷上薄薄一层梨子酱，然后撒上一些开心果碎果仁待用。

准备内馅：把无盐黄油加细砂糖倒入碗中搅拌，再加入鸡蛋、牛奶和盐，混匀。将低筋面粉、可可粉和泡打粉混合后过筛，加入黄油糊中，拌匀，并将混合好的内馅倒入饼模。

将生梨去皮，对半切开，去核，切片，平铺在内馅上，轻压让果肉嵌入面糊。

将半成品送入烤箱，以 325℉（170℃）的温度烤 30 分钟左右。

烤好后将蛋糕取出烤箱，放凉。冷却后在梨肉表面抹上蛋糕装饰用果胶，撒上开心果碎果仁即可。

勃朗特出品必属精品

阿月浑子（学名：Pistachio vera）的果树树高可达 12 米，树龄长至 300 年。它绿色的果实俗称开心果，有着灰白色的坚硬外壳，内部淡绿色的果仁被广泛用于甜品制作中。对意大利人来说，来自勃朗特、西西里的绿色果仁尤其珍贵，其获得了全世界消费者的赞誉，并受到 "原产地产品质量保护" 规范的保障。

公爵蛋糕（Torta duchessa）

难度系数 3

4—6 人份

总耗时：1 小时 15 分钟（30 分钟制作 +30 分钟静置 +15 分钟烘烤时间）

蛋糕坯 配料

1/3 量杯 +2 茶匙（75 克）细砂糖

约 1/4 量杯（35 克）榛子仁（烤好待用）

1/4 量杯（35 克）巴旦木（未去皮）

1/3 量杯（75 克）无盐黄油（室温软化）

1/2 量杯 +5 茶匙（75 克）低筋面粉

1 个鸡蛋蛋黄

1 根香草荚

适量黄油、面粉（涂抹模具用）

萨芭雍蛋奶酱 配料

5 个鸡蛋蛋黄

1/2 量杯（100 克）细砂糖

3/4 量杯 +4½ 茶匙（200 毫升）马沙拉白葡萄酒

约 4 茶匙（10 克）低筋面粉

约 7 茶匙（10 克）玉米淀粉

约 1 磅（500 克）巧克力甘纳许

装饰 配料

约 1/2 量杯（50 克）榛子仁（切碎）

适量糖粉

做 法

准备蛋糕坯：将榛子仁、巴旦木和细砂糖放入食物搅拌机中，完全打碎待用。

纵向对半剖开香草荚，取籽。把之前打好的坚果碎倒入碗中，加入无盐黄油、香草籽，拌匀，再加入鸡蛋蛋黄、低筋面粉，一点点揉搓成团。

将揉好的面团用保鲜膜密封之后放入冰箱冷藏至少 30 分钟。

30 分钟后，向操作板上撒一些面粉，取出冰箱中的面团并擀开，擀成厚度约 1/8 英寸（3 毫米）的饼。然后将饼切成 3 张直径约 7 英寸（18 厘米）的圆饼坯，并将其放在抹油撒粉（或铺有烘焙油纸）的烤盘上。把饼坯送入烤箱，以 325 ℉（160℃）的温度烤 15 分钟左右。

烤好后取出蛋糕，待完全冷却后，从烤盘上取下待用。

准备萨芭雍蛋奶酱：用奶锅加热马沙拉白葡萄酒。同时，蛋黄加入细砂糖，打发。混合低筋面粉、玉米淀粉，过筛后加入到蛋黄糊中，拌匀。往蛋黄面糊里倒一点热酒，使其慢慢适应"热度"，然后慢慢倒入全部葡萄酒，拌匀后倒回锅内，继续加热。将熬好的萨芭雍蛋奶酱盛入合适的容器中，放凉待用。

用裱花袋将巧克力甘纳许在第一层饼坯上以正中心为圆心挤上 2 圈。在圈与圈中间再填入萨芭雍蛋奶酱。盖上第二层饼坯，做法相同。最后放上第三层饼坯，以碎榛子仁做围边装饰。

品尝前在表面撒上适量糖粉，将打发的剩余甘纳许装入裱花袋，用带齿口的裱花嘴挤几朵奶油花即成。

奶香杏仁樱桃蛋糕（Torta frangipane alle amarene）

难度系数 2

4—6 人份

总耗时：1 小时 10 分钟（35 分钟制作 +35 分钟烘烤时间）

蛋糕底 配料

7 盎司（约 200 克）千层酥皮生面团

1/4 量杯减去 1.5 茶匙（70 克）酸樱桃果酱

1/4 量杯（60 克）糖渍酸樱桃（滤干）

1½ 茶匙（5 克）杏仁

2 个鸡蛋蛋白

3 个鸡蛋蛋黄

1/8—1/4 茶匙（约 2 克）氨粉

内馅 配料

10½ 茶匙（50 克）无盐黄油

1/4 量杯 +2½ 茶匙（60 克）细砂糖

约 1/3 量杯（40 克）低筋面粉

1/4—1/3 量杯（约 40 克）巴旦木

抹面 配料

适量巴旦木

适量糖粉

做　法

准备内馅：将巴旦木、杏仁、低筋面粉放入食物搅拌机中完全打碎。

用打蛋器将无盐黄油和坚果粉混合均匀。

向坚果、黄油混合糊中少量多次地加入 3 个鸡蛋蛋黄，再加入氨粉。鸡蛋蛋白加细砂糖，打发。将蛋白糊和蛋黄糊混合并拌匀待用。

准备蛋糕底：擀开千层酥皮生面团，将面团擀成厚度约 1/8 英寸（3 毫米）的饼，把饼皮铺在直径 8 英寸（约 20 厘米）的派盘上。在饼皮表面均匀地涂上酸樱桃果酱，再放上几颗去核糖渍酸樱桃。然后将之前准备好的内馅倒入饼模中，装至模具的 3/4 满，最后再点缀上几颗巴旦木即可。

将蛋糕半成品送入烤箱，以 350 °F（170℃）的温度烤 35 分钟左右。

烤好后，待蛋糕完全冷却后脱模。品尝前在表面撒上糖粉即成。

神圣的香气

奶香杏仁蛋糕是以一种被称为 "frangipane" 的杏仁混合糊为原料制作而成的，其名字源于意大利。一般这种杏仁糊被倒入酥皮或塔皮模具中，配以苹果、生梨、树莓、黑莓、蓝莓、酸樱桃或草莓等增添风味。这款蛋糕往往制作简单，但口感松软，充满麦香，还有着神圣的历史渊源。据说这款食谱出自于吉阿各玛之手——生卒于 13 世纪上半叶，亚西西的圣方济各的跟随者之一，罗马贵族格拉齐亚诺·弗朗基潘尼的年轻遗孀。她作为圣方济各的挚友，全力拥戴圣法兰西斯的教规，经常为修道士们制作由美味杏仁做成的点心。

巧克力榛果蛋糕（Torta gianduia）

难度系数 2

4—6 人份

总耗时：1 小时 50 分钟（45 分钟制作 +35 分钟烘烤 +30 分钟静置时间）

蛋糕坯 配料

1/2 量杯 +1½ 茶匙（120 克）无盐黄油（室温软化）

1/3 量杯 + 约 2 汤匙（90 克）细砂糖

1 个鸡蛋

2 个鸡蛋蛋黄

1/2 根香草荚

1/2 量杯（55 克）榛子仁（切碎）

1/2 量杯 +5 茶匙（75 克）低筋面粉

约 8½ 茶匙（15 克）可可粉

约 5.3 盎司（150 克）可可口味奶油糖霜

2 茶匙（8 克）泡打粉

榛果巧克力甘纳许 配料

约 4.5 盎司（约 125 克）牛奶巧克力

约 0.75 盎司（约 20 克）榛子酱

2 茶匙（10 毫升）葡萄糖浆

约 1/2 量杯（100 毫升）淡奶油

适量黄油、面粉（涂抹模具用）

做 法

准备蛋糕坯：无盐黄油加糖，拌匀。一次性加入鸡蛋蛋黄和全蛋蛋液，搅拌。把半根香草荚用刀纵向对半剖开，取籽，加入上述蛋糊。

用食物搅拌机将榛子仁完全打碎，拌入低筋面粉、可可粉和泡打粉，再与蛋糊混匀。

在直径 8 英寸（约 20 厘米）的蛋糕模上抹油撒粉后，倒入蛋糕坯的糊。将蛋糕坯半成品送入烤箱，以 350—400 °F（180—200℃）的温度烤 35 分钟左右。烤好后，将蛋糕取出，冷却后切成 3 片待用。

取 1/3 可可口味奶油糖霜抹在第一层蛋糕坯上，盖上第二片蛋糕坯，重复之前步骤。将三层蛋糕坯叠好后放入冰箱冷藏 30 分钟待用。

准备榛果巧克力甘纳许：将牛奶巧克力切碎，放入碗中。再把淡奶油和葡萄糖浆拌匀后煮沸，倒在碎巧克力上。用硅胶刮刀（不用打蛋器，因为会拌入多余空气，打出气泡）将巧克力淡奶油液搅拌均匀至液体内无颗粒，再拌入榛子酱。

从冰箱取出之前准备好的蛋糕，将做好的榛果巧克力甘纳许抹于蛋糕面上，按喜好装饰即可。

吉安杜佳乃何许人也

在意大利，巧克力榛果蛋糕也被称为"吉安杜佳"蛋糕，因为配料中所用的的榛果巧克力是在 19 世纪中期，首席巧克力工艺师米歇尔·普露榭为纪念意大利都灵即兴喜剧中名为吉安杜佳的小丑角色（虽然他来自于阿斯蒂）所制作而成的。令人愉快又开朗，永远带着满满一壶葡萄酒的吉安杜佳淋漓尽致地表现出绅士身上极富皮埃蒙特老派特色的行为举止，狡黠又不失勇敢，充满智慧，本性善良，对他永远的伙伴贾科梅蒂真诚相待。

脆饼蛋糕（Torta sbrisolona）

难度系数 1

4 人份
总耗时：38 分钟（20 分钟制作 +18 分钟烘烤时间）

配　料
3/4 量杯 +2½ 茶匙（100 克）低筋面粉
3 汤匙 +1/2 茶匙（25 克）精磨玉米粉
1/3 量杯 +2 茶匙（75 克）细砂糖
1/3 量杯（75 克）无盐黄油（室温软化）
约 3/4 量杯（75 克）巴旦木（切碎）
1 个鸡蛋蛋黄
约 1/16 茶匙（0.5 克）酵母粉
12 颗巴旦木（整颗）
适量柠檬皮屑

做　法
除整粒巴旦木外，将所有原料放在操作台上混合，揉成面团。揉好的面团松散易碎。
将面团分切好放入单个模具中，每个表面都撒满完整的巴旦木。
将蛋糕半成品送入烤箱，以 325 ℉（170℃）的温度烤 18 分钟左右，至表面金黄即可。

玉米的宝藏

　　玉米（拉丁学名：Zea mais）是禾本科一年生草本植物，原产地在中南美洲一带，曾是阿兹特克和印加人的主要粮食，现在传遍了世界各地，成为重要的经济作物之一。在古老的秘鲁传说中，一位农夫将一株玉米苗作为遗产留给了儿子，并允诺只要有这个宝贝必将衣食无忧。老农遗言成真，成熟的玉米果实金黄，它如价值连城的钱币，不仅让农夫的儿子和他的手足兄弟们生活富足，也让整个安第斯山脉的住民获益无穷。早在 16 世纪中期，玉米传播至意大利，并得以成功种植，成为波河平原上栽培的基础粮食之一。时至今日，玉米粉对于意式料理来说仍然是最重要的食材之一。粉质细腻的玉米粉（意大利人称为"fumetto"）是理想的糕点制作原料，通常是在研磨过程中将颗粒玉米完全碾碎。其他常见品种有"fioretto"（小粒）品种和"bramata"（粗粒）品种。

COOKIES

饼 干

小而美味的饼干，意大利语写为"biscotti"，它来自于拉丁语"panis biscotus"，意为"两片烤过的饼干"，可作甜品又可用以佐餐。它通常被制作成小尺寸，形状百变，装饰丰富，烤箱高温烘烤使其蒸发掉了水分，能保存很长时间。

饼干并不是什么新鲜的发明。事实上，有一些饼干早在古代就已出现在祖先的生活之中，一种名叫佩尼斯·诺蒂卡的硬饼干就是古罗马水手们的美食之一。很快，罗马人也开始钻研甜品，比如面糊平摊烘烤而成的华夫饼，具有红热的外皮，被称作"ulcia simulae"。在过去，烹饪常用茴香、肉桂、肉豆蔻、生姜、辣椒或罂粟籽等调味，现在意大利中部和南部的许多地方也是如此，好比做意式通心粉时就会用到。古代阿拉伯人就已懂得用杏仁酱来制作饼干（意大利人将杏仁酱称作皇室果酱），这一做法从西西里传遍了整个欧洲，其异曲同工的做法就是添加坚果，例如蛋白糖矶坚果球和淑女之吻饼干。

就近代而言，用面粉、黄油、糖、鸡蛋和各种调味配料做成的酥性饼干，都已融入人们的饮食习惯之中，配上一杯茶一同享用，再惬意不过。

传统的意大利饼干拥有千变万化的口味、香味和口感。它们一般用小麦粉制作而成，当然也有些例外。杏仁饼干会用到杏仁粉——不论经典脆饼还是软饼；朗格出产的通达·金尔泰榛子磨成粉末，能用于制作基瓦索榛果饼干；玉米粉则可用在乡村风味的玉米曲奇中。黄油也是原料中必不可少的成分，但在茴香饼干、长鼻子饼干、手指饼干中并未用到。同样重要的配料还有鸡蛋，但有时候只用蛋白，比如美味的杏仁一口酥，有时候用的是全蛋，比如香酥的饼皮上撒满了喷香糖粒的意式蝴蝶酥。

这一章节中所介绍的饼干配方，除了有许多意大利人在家制作的特别适合早餐或下午茶时享用的家常点心，还有路过糕点店时橱窗里经常可见的诱人点心，例如牛眼饼干、篮子奶酥饼干等。当然从北到南，意大利各地还有许多只有当地才有的特色点心不为外地人所知。举例来说，如贝托纳（翁布里亚大区里的一座小城镇）的霜糖饼干——葡萄干、松仁、茴香籽和糖渍佛手柑做成的酥皮圈；莫尔曼诺的酥饼——在卡拉布里亚区流行的一种果酱或奶油夹心的酥性饼干；艾米利亚当地的小方饺——酥塔皮搭配博洛尼亚糖渍水果（一种甜甜的腌渍水果）。

经典意式杏仁脆饼（Amaretti classici）

难度系数 2

4—6 人份
总耗时：12 小时 38 分钟（20 分钟制作 +12 小时静置 +17—18 分钟烘烤时间）

配 料
2/3 量杯减去 3/4 茶匙（130 克）细砂糖
约 1 盎司（约 35 克）杏仁
约 12 颗甜巴旦木果仁
1 个鸡蛋蛋白

做 法
将甜巴旦木果仁、杏仁和细砂糖打碎，加入准备好的大部分鸡蛋蛋白，留一点待用，拌匀。
把果仁蛋白糊用保鲜膜塑封后静置过夜。
次日早上，再加入剩下的一点鸡蛋蛋白（拌好的蛋白糊质地柔软但可塑形），撮出小球形状（沾湿双手以防粘手）。
将小球放在铺好烘焙油纸的烤盘上，以 325℉（170℃）的温度烤 17—18 分钟左右即成。

杏仁——甜美的名字，淡淡的苦味

杏桃仁不会与苦扁桃混淆。它们都来自于杏仁的果核，名字来自于杏的学名——亚美尼亚杏（Armenian plum）。杏仁，在意大利又被称为"杏树桃仁"，因其与生俱来的一丝苦味被广泛用于烘焙中以增添风味。它们赋予了经典杏仁曲奇、利口酒和糖浆一种不同于其他食材的独特滋味，还能用以提炼香精。有一点需要注意的是，苦杏仁中含有苦杏仁甙，这种生氰糖苷可水解成高毒性物质，对人体造成伤害，因此不宜大量食用。所幸它自带苦味，可当作是对食用者的一种警告。

意式杏仁软曲奇（Amaretti morbidi）

难度系数 2

4—6 人份

总耗时：12 小时 27 分钟（20 分钟制作 +12 小时静置 +5—7 分钟烘烤时间）

配 料

3/4 量杯（150 克）细砂糖

约 1.5 盎司（约 40 克）杏仁

1/3 量杯（50 克）甜巴旦木

1/4 量杯减去 2 茶匙（50 克）鸡蛋蛋白

适量糖粉

适量黄油、面粉（涂抹烤盘用）

做 法

将甜巴旦木、杏仁和细砂糖打碎，加一点鸡蛋蛋白，拌匀。

再向上述混合物中加入剩余蛋白，揉拌（这时的面糊稀软不能定型）。

将蛋白糊装入裱花袋，直接挤在刷油撒粉的烤盘上。摇晃烤盘让面团抖开一点，静置过夜。

次日早上，在面饼上撒上糖粉，用手整形出山的形状。

将烤盘送入烤箱，以 450 °F（230℃）的温度烤 5—7 分钟左右即成。

让每个人都为之疯狂的软心

　　萨塞洛是萨沃纳省内的一座城镇，利古里亚区的烹饪美学因当地美味绝伦的杏仁软曲奇而名声大噪。自 19 世纪起，它标志性的圆顶形状和松脆的外壳独树一帜。位于意大利北部伦巴第区的加拉拉泰，更是为这款食谱中所做的可口软曲奇的量产而雀跃——因为它有着柔软的内心、薄薄的脆皮和点心师亲手捏出的个性造型，深受人们喜爱。撒丁岛的软曲奇也很有风味，里面加了一点蜂蜜，点缀了酸樱桃和糖粉。

茴芹饼干（Anicini）

难度系数 1

4—6 人份

总耗时：55 分钟（25 分钟制作 +30 分钟烘烤时间）

配 料

2¾ 量杯 +4½ 茶匙（335 克）低筋面粉

1¼ 量杯（250 克）细砂糖

5 个鸡蛋

4 个鸡蛋蛋黄

1 茶匙蜂蜜

1/16—1/8 茶匙（1 克）氨粉

茴芹香精

做 法

将鸡蛋、蛋黄、细砂糖和蜂蜜倒入有点温热的碗中，打发。

向混合蛋液中加入茴芹香精，拌匀。混合低筋面粉、氨粉，过筛后加入蛋糊。

将裱花袋装上宽口平头裱花嘴，在铺好烘焙油纸的烤盘上挤出条形。以 350 ℉（180℃）的温度烤 25 分钟左右。

烤好后从烤箱中取出，冷却几分钟，切成小条，放回烤盘，再烤 5 分钟即成。

绿色、星形或辣味

    茴芹散发的一丝甜味让人联想起茴香和薄荷，它自古以来被食用至今，是最古老的香料之一，深受希腊、埃及和罗马人的喜爱，如今成了世界人民的厨房必备调味料。在甜品制作中，也常用到茴芹晒干的籽、粉末或香精。它也有很多种类：西方人最熟知的是绿茴芹（大茴香籽）；亚洲人常用星形八角茴香，八角茴香直到 17 世纪才引入欧洲；还有辛辣口感的胡椒木，常见于远东地区的烹饪中。

淑女之吻（Baci di dama）

难度系数 2

4 人份
总耗时：1 小时 25 分钟（40 分钟制作 +30 分钟冷藏 +15 分钟烘烤时间）

小饼干 配料
1 量杯（125 克）低筋面粉
1/2 量杯 +2 汤匙（125 克）细砂糖
3/4 量杯（100 克）烤过的榛子仁
1/8—1/4 量杯（25 克）巴旦木（去皮）

1/2 量杯 +2½ 茶匙（125 克）无盐黄油（室温软化）
1/3 量杯（30 克）无糖可可粉（可选）

内馅 配料
3½（100 克）黑巧克力或白巧克力

做 法
　　将烤过的榛子仁、巴旦木、细砂糖用搅拌机打碎。
　　把坚果碎屑装入碗中，与无盐黄油拌匀。加入过筛低筋面粉，一点点拌匀（如果要做巧克力口味，可另将可可粉与面粉混合，过筛后加入）。
　　面团用保鲜膜塑封，放入冰箱冷藏至少 30 分钟。
　　30 分钟后，在案板上撒些面粉，把面团从冰箱取出，擀成约 3/8 英寸（1 厘米）后，切成约 3/4 英寸（1.5—2 厘米）的方形，搓成圆球（此步骤能保证每块饼干尺寸基本一致）。
　　把搓好的圆球放在铺好烘焙油纸的烤盘上，以 325 ℉（160℃）的温度烤 15 分钟左右。
　　烤好后，等完全冷却后从油纸上取下，底部朝上放置。
　　准备内馅：隔水或微波加热黑巧克力或白巧克力，微融状态下抹在饼干上，立刻盖上另一块烤好的小饼干，待巧克力凝固即可。

百年以上传世美味

　　"淑女之吻"来自于皮埃蒙特的托尔托纳市，距今已有百年以上的历史，因其外形看似女性嘟起的樱桃小口而得此名。而粘连起这个"吻"的正是巧克力夹心。这美味的点心不一定是杏仁和榛子的混合口味，还可以做成纯杏仁味的，把它放在密封罐内可以保存数天。

糖衣饼干（Biscotti glassati alla nocciola）

难度系数 1

4—6 人份

总耗时：2 小时 42 分钟（30 分钟制作 +2 小时静置 +10—12 分钟烘烤时间）

饼干 配料

2⅓ 量杯 +3¼ 茶匙（300 克）低筋面粉

2/3 量杯减去 1/4 茶匙（150 克）无盐黄油

1 量杯 +2 茶匙（125 克）糖粉

3/4 量杯（100 克）榛子仁（烤好并磨成粉）

1 个鸡蛋

约 3/4 茶匙（2.5 克）泡打粉

适量柠檬皮屑

1 撮香草粉

1 撮盐

糖衣 配料

1 个鸡蛋蛋白

1/2 量杯 +4¾ 茶匙（120 克）细砂糖

3¾ 茶匙（10 克）马铃薯淀粉

做 法

　　准备饼干面团：碗中倒入无盐黄油、糖粉，拌匀。向黄油中加入鸡蛋、柠檬皮屑，拌匀。混合低筋面粉、香草粉、泡打粉、盐和榛子粉末，过筛后加入黄油中，拌匀。

　　用保鲜膜密封调好的面团，放入冰箱冷藏至少 1 小时待用。

　　准备糖衣：鸡蛋蛋白加细砂糖，打发，拌入马铃薯淀粉待用。

　　将饼干面团从冰箱取出，擀成 1/8—1/4 英寸（约 4 毫米）厚的饼，并将其放在烘焙油纸上，在饼干饼皮上盖上糖衣，静置 1 小时待用。

　　将半成品切成小块，放上烤盘，以 350 ℉（180℃）的温度烤 10—12 分钟左右即成。

幸福的松脆声

　　赠人以榛子树是古罗马的一种习俗，因为他们相信这能带去好运——榛子被视为幸福的象征。它真能带来幸福，谁说的？唯一可以肯定的是，这松脆、美味、含有脂肪的坚果乃极致美味。当巧克力与之搭配，不论牛奶巧克力还是黑巧克力，都是黄金组合，它们常被用于酥类、奶油、蛋糕、饼干、冰淇淋、糖果还有牛轧糖的制作中。其中最贵的就是产自皮埃蒙特的朗格地区名为通达·金尔泰的品种，这种榛子奇特的三角形状与众不同。

杏仁一口酥（Bocconcini alle mandorle）

难度系数 1

4—6 人份

总耗时：12 小时 27 分钟（20 分钟制作 +12 小时静置 +7 分钟烘烤时间）

配　料

约 1 量杯（150 克）巴旦木

3/4 量杯（150 克）细砂糖

约 0.75 盎司（约 20 克）糖渍橙皮（切成小丁）

适量鸡蛋蛋白

1 茶匙蜂蜜

适量巴旦木碎果仁

做　法

　　将巴旦木和细砂糖倒入搅拌机充分打碎，中途加入一点鸡蛋蛋白和糖渍橙皮，拌匀。最后搅打时加入蜂蜜。混合物质地比较紧实。

　　将混合物滚搓成长条形，切成汤团宽度的小块，双手蘸点鸡蛋蛋白，将切好的小块滚成圆球，放入巴旦木碎果仁中，滚上外衣。

　　将半成品放在烤盘上，晾干过夜。

　　第二天以 450—475 ℉（230—250℃）的温度将杏仁一口酥半成品烤 5—7 分钟左右即成。

美味做法

　　在意式佳肴中，"杏仁一口酥"还能联系上一道肉食——小块鸡胸肉，蘸粉烤至金黄，搭配甜橙、柠檬皮屑和果汁加上碎杏仁做成的蘸酱。杏仁和甜橙的香味赋予这道菜肴独特的风味，是人们圣诞佳节里必备的传统菜肴。

蛋白糖矶坚果球（Brutti e buoni）

难度系数 2

4—6 人份
总耗时：59 分钟（45 分钟制作 +12—14 分钟烘烤时间）

配　料
3 个鸡蛋蛋白
3/4 量杯（150 克）细砂糖
约 1¼ 量杯（150 克）烤过的榛子仁（切碎）
1 撮香草粉

做　法
在碗中倒入鸡蛋蛋白和细砂糖，打发。再向其中加入碎榛子和香草粉，拌匀。
蛋白糊用中火加热（最好用铜制平底锅）至蛋白糊变稠，沸腾。
用两把勺子将蛋白糊舀在铺好烘焙油纸的烤盘上。
以 325 °F（160℃）的温度烤 12—14 分钟左右即成。

内在美

　　这款饼干还有个众所周知的别名叫"丑陋却好吃"（brutti ma buoni），好味道但皲裂的外皮坑坑洼洼，显得丑丑的。它来自瓦雷泽的加维拉泰省，甜品师康斯坦蒂诺·卡尔杜齐创作于 1878 年。其富有历史感的外表深受人们喜爱，同所有伦巴第地区的住民一样，就连著名作曲家朱塞佩·威尔第和诗人焦苏埃·卡尔杜奇也是爱好者之一。当作茶点享用时，他们会泡上清香的热茶或热可可，或是来上一杯现煮的意式咖啡。当餐后甜品时，搭配一点奶油或糖，也可以搭配气泡酒。不管怎么说，不论何时都是它展现"内在美"的好时候。

篮子奶酥饼干（Canestrelli）

难度系数 1

可制作 1 磅（500 克）饼干
总耗时：1 小时 35 分钟（20 分钟制作 +1 小时冷藏 +15 分钟烘烤时间）

饼干 配料
2 量杯（250 克）低筋面粉
3/4 量杯 + 约 1 汤匙（185 克）无盐黄油
2/3 量杯 +2 茶匙（85 克）糖粉
1 个鸡蛋蛋黄
适量柠檬皮屑
1 撮香草粉
1 撮盐

装饰 配料
适量糖粉

做 法

无盐黄油加糖粉拌匀，加入蛋黄和柠檬皮屑，拌匀。

低筋面粉、香草粉、盐混合后，过筛加入上述黄油糊，和面拌匀，揉成面团。

揉好的面团用保鲜膜密封，放入冰箱冷藏至少 1 小时。

1 小时后从冰箱取出面团，将面团擀开，擀至厚约 3/8 英寸（1 厘米）。用花环形的饼干模刻出形状，中间打孔，形似花朵（意大利的商店里有销售这类造型的模具）。

将做好形状的半成品放在铺好烘焙油纸的烤盘上，以 325 ℉（170℃）的温度烤 15 分钟左右。

烤好从烤箱取出冷却后，表面撒上糖粉即可。

入口松脆有嚼劲

奶酥饼干如此风味独特，入口松脆，饼干中间镂空，表面撒有糖粉，形似雏菊。它是利古里亚和皮埃蒙特地区的传统美食，唯一不同之处是皮埃蒙特人会将榛果磨成的粉加入面团。那里的人们用它来庆祝春天的到来，过去在复活节的时候它会被装在篮子里摆放出来，而篮子通常是用稻草或柳条编成的，此款饼干也因此而得名。

香草杏仁饼干条（Cantucci）

难度系数 2

可制作 1 磅（500 克）饼干

总耗时：45 分钟（20 分钟制作 +25 分钟烘烤时间）

配　料

2 量杯（250 克）低筋面粉

3/4 量杯 +2 汤匙（175 克）细砂糖

3/4 量杯 +2 汤匙（125 克）巴旦木（去皮）

1/8—1/4 茶匙（约 2 克）氨粉

2 个鸡蛋

2 个鸡蛋蛋黄

1/8—1/4 茶匙（约 1 克）盐

适量香草

做　法

　　混合所有配料，揉搓成面团，和好的面团成形，表面光滑。将面团滚搓成长条形，放在铺好烘焙油纸的烤盘上。

　　用 350 °F（180℃）的温度烤 20 分钟左右，无需烤至表面变色。

　　从烤箱中取出烤好的饼干条，趁热改刀成斜条形。

　　改好刀后放回烤箱再烤几分钟（时间因烤箱各有不同），至表面烤出金黄色即可。

香草的味道

　　香兰草属兰科攀缘藤本，原产于墨西哥。果实为蒴果，芳香馥郁。由西班牙探险家、征服者赫尔南·科尔特斯带至欧洲，据记载，当时他受到阿兹特克国王蒙特苏马招待，那里有一种带有香草味的可可饮料，带着复杂又独特的香味，令他着迷不已。后来香草不仅被用于制作香水和其他美容护肤品，作为甜品调味料也大有用武之地。在所有意大利甜品中，香草是一味基础原料，从蛋糕、饼干、奶油到布丁、冰淇淋和利口酒，都能找到它的存在。甜美、果香调、新鲜和奇妙的香味能帮助人们舒缓压力、放松心情，同时，香草含有抗氧化作用的多元酚类，对体内自由基有抑制作用。

长鼻子饼干（Finocchini）

难度系数 1

可制作 1 磅（400—450 克）饼干

总耗时：45 分钟（20 分钟制作 +25 分钟烘烤时间）

配　料

5 个鸡蛋

2/3 量杯 +1½ 茶匙（140 克）细砂糖

1 量杯 +5¾ 茶匙（140 克）低筋面粉

约 1/2 茶匙（2 克）泡打粉

小茴香提取物

适量黄油、面粉（涂抹烤盘用）

做　法

　　蛋液加细砂糖，倒入有点温热的碗中，不停搅拌，打发。

　　向蛋液中加入小茴香提取物。低筋面粉、泡打粉混合，过筛后加入蛋糊，拌匀。

　　选 10×13 英寸（约 25×35 厘米）的深烤盘，抹油撒粉，倒入蛋糊。用 400 ℉（200℃）的温度烤 20 分钟左右。

　　烤好后从烤箱取出，等冷却一点时，脱模。待放至完全冷却后，切成宽 1/2 英寸（约 1 厘米）的长条，再放回烤箱再烤几分钟（时间因烤箱各有不同，以烤色为准）即成。

种子？不，是果实

　　小茴香籽是伞形科植物茴香的干燥成熟果实，是常用调味料之一，被广泛用于面包、佛卡夏、蛋糕和甜点制作中。小茴香富含茴香油和重要活性成分，有一定药用效果。在使用它时也需小心，若不慎短时间内大量食用，会有使人产生幻觉的毒副作用。但也无须担心，我们用作香料时只用一小撮或是其精华液中的几滴，足以为菜肴增添风味，而不会有任何危险。

杏仁奶香酥饼（Frollini alla mandorla）

难度系数 2

4—6 人份
总耗时：1 小时 27 分钟（15 分钟制作 +1 小时冷藏 +12 分钟烘烤时间）

饼干 配料

1½ 量杯 +2 汤匙（200 克）低筋面粉

1/2 量杯 +5½ 茶匙（140 克）无盐黄油

1/2 量杯（100 克）细砂糖

2 个鸡蛋蛋黄

1/3 量杯 + 约 4 茶匙（60 克）巴旦木

4—5 颗杏仁

1 撮香草粉

1 撮盐

上色 配料

一个鸡蛋

做 法

将巴旦木、杏仁放入搅拌机打碎，加入低筋面粉、香草粉和盐，拌匀。

向无盐黄油中加细砂糖，拌匀，加入蛋黄，搅匀，再加入坚果面粉混合物，和面，将混合物揉成面团。揉好的面团用保鲜膜密封，放入冰箱冷藏至少 1 小时。

1 小时后，将面团从冰箱取出，擀开面团，擀至厚 1/8—1/4 英寸（约 4 毫米）。用饼干模将面饼切成小块，放在铺好烘焙油纸的烤盘上。在烤盘上的饼干半成品表面刷蛋液，用叉子压出花纹后送入烤箱，以 350 °F（180℃）的温度烤 10—12 分钟左右即成。

如何做出一块地道的意式饼干

制作甜品时艺术造型也是门大学问，从最简单的到最复杂的，各具特色。这些好吃的杏仁饼干配上一杯气泡酒，为大餐来个美味的收尾再合适不过；也可以在面团里添加柠檬或香橙皮屑等，调出其他味道；再或者在其表面做文章，例如点缀上杏仁果仁、松仁或糖渍樱桃等。

香酥牛油曲奇（Frollini montati）

难度系数 1

4—6 人份

总耗时：45 分钟（15 分钟制作 +15 分钟冷藏 +15 分钟烘烤时间）

配　料

2¾ 量杯 +4½ 茶匙（335 克）低筋面粉

2/3 量杯 +1 汤匙（165 克）无盐黄油（室温软化）

1 量杯 +2 汤匙（135 克）糖粉

2 个鸡蛋

柠檬皮屑

1 撮香草粉

1/4—1/2 茶匙（约 2 克）盐

做　法

在软化好的无盐黄油中加入糖粉，用手持打蛋器打至顺滑。向黄油糊中加入鸡蛋、柠檬皮屑、香草粉和盐，拌匀。

向上述混合糊中加入过筛的面粉，简单搅拌。

裱花袋装入带齿口的裱花嘴，将混合好的糊装入裱花袋，立刻挤在铺好烘焙油纸的烤盘上。

将烤盘放入冰箱冷藏至少 15 分钟。

15 分钟后，将烤盘从冰箱取出送入烤箱，以 350—375℉(180—190℃)的温度烤 13—15 分钟即成。

裱花嘴花样多

酥性曲奇饼是甜品中的经典主食。相比其他传统食谱，酥性饼干的面糊更软、更似奶油，所以它们经常用裱花袋或饼干压模整形。这类饼干做起来省时省力，且成品的美味也能让人印象深刻。

基瓦索榛果饼干（Nocciolini di Chivasso）

难度系数 2

4—6 人份

总耗时：35 分钟（20 分钟制作 +10—15 分钟烘烤时间）

配　料

约 1⅓ 量杯（260 克）细砂糖

约 1/2 量杯（70 克）榛子仁（未烤过）

1/3 量杯 +1 汤匙（100 克）鸡蛋蛋白

做　法

　　将榛子仁和细砂糖放入搅拌机中打碎，加入鸡蛋蛋白，使果仁面团变柔软。

　　裱花袋装上口径 1/4 英寸（约 6 毫米）的裱花嘴，将混合糊装入裱花袋，在铺好烘焙油纸的烤盘上挤出豌豆大小的小球形。

　　将做好的半成品送入烤箱，以 375 ℉（190℃）的温度烤 10—15 分钟左右即成。

上帝恩赐的小圆球

　　这小巧的饼干直接被冠以地名——一位于皮埃蒙特大区的基瓦索。在 19 世纪中期，当地的甜品师乔凡尼·波迪奥在奇思妙想之下将其制作出来，最初起名为"Noisettes"，一个法式名字，尽管有些人喜欢管皮埃蒙特人叫作"Noaset"。这款点心在 1900 年巴黎世界博览会上初次展现于世人面前，之后还参加了 1911 年的都灵世博会。波迪奥的女婿埃内斯托·纳扎罗推动了这款点心的商业化发展。在 1904 年，人们习惯用萨芭雍酱搭配着吃这款点心，商会通过了这款饼干相关商标专利的申办请求。维克托·伊曼纽尔三世热那亚公爵册封纳扎罗为"皇室供应商"，更是使其声名鹊起。

牛眼饼干（Occhi di bue）

难度系数 2

可制作 12 块牛眼饼干

总耗时：1 小时 40 分钟（40 分钟制作 +13—15 分钟烘烤时间 +45 分钟静置时间）

配　料

约 14 盎司（400 克）酥塔皮生面团

约 5.3 盎司（约 150 克）果酱（任意口味）

适量糖粉

做　法

在操作台上撒些面粉，擀开酥塔皮生面团，擀至 1/8—1/4 英寸（约 4 毫米）厚。将面饼用模具切成直径约 2 英寸（5 厘米）的小块，每块牛眼饼干需上下两层。

将饼坯放在铺好烘焙油纸的烤盘上，等分成 2 盘。用直径 1.5 英寸（约 4 厘米）的圆形饼干模具，把其中一盘的饼坯中间全部挖洞，做出空心形状。

将两盘饼干坯送入烤箱，以 350℉（180℃）的温度烤 12—13 分钟左右。先将空心饼干从烤箱取出，并从油纸上取下后，过几分钟，再取另一盘饼干。

饼干取出后，等待 45 分钟左右，待其完全冷却。

无空心的饼干底部朝上，边缘涂上一些果酱，盖上空心的饼干，压紧。在饼干表面撒些糖粉。

最后加热果酱，将果酱填入空心部分，为"牛眼点睛"。

鸡蛋变成饼干

这款经典的果酱馅儿酥性饼干，是搭配一杯好茶的理想点心。取此名字是因为饼干的外形与意大利的一道名为"牛眼鸡蛋"的鸡蛋料理十分相似，这道菜是平底锅煎蛋，一圈白色的蛋白包围住中间的蛋黄，好似牛眼睛。牛眼饼干常做成两层，上层饼干中间有洞，通常会加上杏子酱（用黄色果酱的话比较像牛眼鸡蛋），但是按自己喜好挑选果酱口味也未尝不可，比如草莓酱、李子酱等，选择一款合适的果酱搭配上巧克力、榛子或咖啡奶油也不错。饼干形状也可以多种多样，花朵、爱心或星型，三角形、四方形、六角形这样的几何图案也不错。

巧克力 "骨头" 饼干 (Ossa da mordere al cacao)

难度系数 1

4 人份

总耗时：32 分钟（20 分钟制作 +12 分钟烘烤时间）

配　料

1 量杯 +2 茶匙（125 克）糖粉

约 1/4 量杯（23 克）无糖可可粉

1 个鸡蛋蛋白

约 1/2 量杯 +2 汤匙（75 克）烤过的榛子仁（切碎）

5¼ 茶匙（14 克）马铃薯淀粉

约 3/4 茶匙（3 克）泡打粉

1 撮香草粉

做　法

在操作台上，混合糖粉、无糖可可粉、马铃薯淀粉、泡打粉和香草粉。

向混合粉中加入蛋白，混匀，再加入碎榛子仁，混匀。

在操作台上撒些面粉，将面团滚搓成直径略大于 1 英寸（约 3 厘米）的长条形，切成约 3/8 英寸（1 厘米）厚的圆片。

将饼干半成品放在铺好烘焙油纸的烤盘上，以 325 ℉（160℃）的温度烤 10—12 分钟左右。

烤好后从烤箱取出，完全冷却后，从油纸上取下即成。

硬如骨

"Ossa da mordere"（直译出来的意思是 "用来咬的骨头"）是经典意式饼干之一。它加入了蛋白、烤过的榛子（或杏仁），不同于做成骨头造型的 "ossa da morto" 饼干（死骨饼干），是在 11 月 2 日天主教万灵节时品尝的甜品。而巧克力骨头饼干可以做成任何造型，一般为椭圆形或者圆形，并不一定非要做成骨头形状，一年四季都可以品尝。它之所以取此名字，主要是因其比较坚硬难咬。

果酱蛋黄酥（Ovis molli）

难度系数 1

可制作 1 磅 7 盎司（约 650 克）饼干

总耗时：1 小时 33 分钟（15 分钟制作 +1 小时冷藏 +18 分钟烘烤时间）

配　料

2⅓ 量杯 +3¾ 茶匙（300 克）低筋面粉

约 1 量杯 +5 茶匙（250 克）无盐黄油（室温软化）

1 量杯 +2 茶匙（125 克）糖粉

3/4 量杯 +1½ 茶匙（100 克）马铃薯淀粉

5 个鸡蛋

1/2 根香草荚

1 撮盐

做　法

将鸡蛋放入小锅中，带壳煮 8—10 分钟。

鸡蛋煮好后立刻浸入冷水，鸡蛋内部快速降温，这样蛋壳会更好剥。

将剥好的鸡蛋的蛋白和蛋黄分离（此处不用蛋白）。蛋黄捣碎，过滤待用。

香草荚用刀纵向对半剖开，取籽。

把无盐黄油和糖粉放入碗中，拌匀，再拌入蛋黄蓉。向黄油蛋黄糊中加入低筋面粉、马铃薯淀粉、香草籽和盐。

将混合物和成面团，裹以保鲜膜，放入冰箱冷藏至少 1 小时。

1 小时后，取出面团，在操作台上撒些面粉，擀开面团，擀至 1/8—1/4 英寸（约 4 毫米）厚，然后做出喜欢的样子即可。

将饼干半成品放在铺好烘焙油纸的烤盘上，送入烤箱，以 325℉（170℃）的温度烤 18 分钟左右即成。

品尝时可在饼干上涂抹自己喜欢口味的果酱。

"硬"原料做出软点心

果酱蛋黄酥的所有配料中有一个原料很特别，那就是煮鸡蛋里的熟蛋黄。这款饼干正如它的名字，非常的松软，烤好后色香味俱佳。一旦冷却，放入口中又是入口即化，有点粉粉的口感，很是美味。

香浓玉米曲奇（Paste di meliga）

难度系数 1

4—6 人份
总耗时：1 小时 30 分钟（15 分钟制作 +1 小时冷藏 +15 分钟烘烤时间）

配　料
2 量杯（260 克）低筋面粉
约 1 量杯（225 克）无盐黄油（室温软化）
1/2 量杯 + 约 3½ 茶匙（115 克）细砂糖
1/2 量杯 +4½ 茶匙（75 克）精磨玉米粉
2 茶匙（15 克）蜂蜜
1 个鸡蛋
1 撮香草粉
适量柠檬皮屑
1/4—1/2 茶匙（约 2 克）盐

做　法
无盐黄油中加入细砂糖、蜂蜜，拌匀。再向其中加入鸡蛋、柠檬皮屑、香草粉和盐，拌匀。

低筋面粉、精磨玉米粉混合，过筛后加入上述糊中，简单拌匀成面团。

面团用保鲜膜密封，放入冰箱冷藏 1 小时左右。

1 小时后从冰箱取出面团，在操作台上撒些面粉，擀开面团，擀至厚度约为 1/4 英寸（6—7 毫米），切成直径 2 英寸（约 5 厘米）的圆形，放在铺好烘焙油纸的烤盘上。

将饼干半成品送入烤箱，以 350—375 ℉（180—190℃）的温度烤 15 分钟左右即成。

来自库尼奥的馈赠

玉米曲奇是位于皮埃蒙特大区的库尼奥的传统美食。其名字中 "meliga" 一词是 "maize" 的方言说法。据说这道点心历史悠久，是在小麦粉价格被抬高到令人望而却步的高度的某一年里被发明出来的。烘焙师决定往面团里掺入一些精磨玉米粉，这一小改变不仅带来了喷香的味道，还有更酥松的口感。地道的吃法是玉米曲奇搭配萨芭雍蛋奶酱，佐以一小杯桦树林佳味白葡萄酒。

花式小曲奇（Petits fours）

难度系数 1

4—6 人份

总耗时：12 小时 27 分钟（20 分钟制作 +12 小时静置 +5—7 分钟烘烤时间）

配　料

约 1 量杯（150 克）甜巴旦木（去皮）

1 量杯 +2 汤匙（225 克）细砂糖

2 汤匙（30 克）鸡蛋蛋白

适量甜橙皮屑

1 撮香草粉

1 茶匙蜂蜜

约 2 茶匙（10 克）无盐黄油（涂抹烤盘用）

适量糖渍和风干水果、坚果果仁等

做　法

　　甜巴旦木和细砂糖倒入搅拌机中打碎，再向其中加入鸡蛋蛋白、甜橙皮屑、香草粉和蜂蜜，继续搅打。搅拌机搅打至果仁糊软稠后，中等尺寸带齿口的裱花嘴装入裱花袋，将混合糊倒入裱花袋。

　　在烤盘上抹少许黄油，将饼干糊在烤盘上挤出花形。

　　在饼干半成品表面装饰糖渍果脯、果干和坚果等，晾干过夜。

　　次日用 450—475 ℉（230—250℃）的温度烤 5—7 分钟左右即成。

精致小点

　　法语意为〝小蛋糕〞的花式曲奇是餐后品尝的小甜点。这奇怪的名字来自于 18 世纪，在砖炉里木炭逐渐冷却时（燃烧时温度高于木料），偶然烤出了这个饼干。花式做法也同样适用于饼干、酥饼或杏仁饼。它通常放在饭后享用，或品尝大餐时，搭配餐前酒，又或是在吃自助餐时，做开胃点心也很不错。

手指饼干（Savoiardi）

难度系数 2

可制作 30 块手指饼干

总耗时：35 分钟（20 分钟制作 +10—15 分钟烘烤时间）

配　料

3 个鸡蛋

1 个鸡蛋蛋黄

2/3 量杯 +1½ 茶匙（140 克）细砂糖

约 1½ 茶匙（10 克）蜂蜜（小锅加热，不停搅拌）

1 量杯（125 克）低筋面粉

约 5½ 茶匙（15 克）马铃薯淀粉

香草粉

1/4 个柠檬皮屑

糖粉

做　法

将低筋面粉、马铃薯淀粉、香草粉混合，过筛待用。往碗中倒入鸡蛋、蛋黄、细砂糖和蜂蜜，打匀。
向蛋液中加入柠檬皮屑。粉类再次过筛后拌入蛋液中。

裱花袋配上大口径的裱花嘴，装入面糊，在铺好烘焙油纸的烤盘上挤出细长条形状。

在长条形饼干半成品表面撒上糖粉。将饼干半成品送入烤箱，以 400—425 ℉（200—220℃）恒温
或 350 ℉（180℃）热风，烤 10—15 分钟左右即成。

背后的故事

　　轻巧、圆润、纤长的手指饼干出现于 15 世纪，是萨沃伊公爵为庆祝法国国王的来访，令厨师制
作出来的甜品。除了皮埃蒙特地区，在萨沃伊的影响下，整个意大利所有地区的糖果店铺里都能看到
它。这就是为什么撒丁岛也能吃到手指饼干的原因了，当地人称其为 "咖啡好伴侣"，这充分说明了
他们喜欢浸着咖啡吃的喜好。松脆、入口即化的口感非常适合浸泡的吃法，所以许多著名的奶油甜品，
如提拉米苏、英式甜糕里都有用到它。

意式蝴蝶酥（Ventagli）

难度系数 1

4—6 人份
总耗时：35 分钟（20 分钟制作 +15 分钟烘烤时间）

配 料
10.5 盎司（约 300 克）千层酥皮生面团
适量白砂糖

做 法
  在操作台上撒些白砂糖，擀开千层酥皮生面团，擀至厚度 1/8—1/6 英寸（约 2 毫米）。在饼坯上再撒些糖粒，将两端卷起，卷至中间相碰，按压卷紧，完全粘合。将饼卷切成约 3/4 英寸（2 厘米）片状。
  在饼干半成品上蘸上白砂糖，放在无水无油的干净烤盘上。
  将烤盘送入烤箱，以 450 ℉（230℃）的温度烤 15 分钟，中途取出翻面再烤一下即成。

造型饼干——简单却引人注意
  轻松下厨的主旨——简单配料加上简易操作。裹着诱人糖衣的蝴蝶酥深受人们喜爱，在原配方基础上，添加巧克力、椰茸或葡萄干，以及巧克力糖衣也很不错。不必担心失败，在家自己动手，也能媲美咖啡店或糕点店。蝴蝶酥的名字源于它蝴蝶翅膀般的外形，不管早餐、饮茶品茗，还是餐后点心，不论何时想吃点甜品时，来上一块都足以解馋。每个人都有自己的吃法，最合适的莫过于搭配开胃酒，用帕玛森干酪代替砂糖撒在酥皮上，或抹上些番茄酱和橄榄油，或加点番茄干和迷迭香都是很不错的吃法。

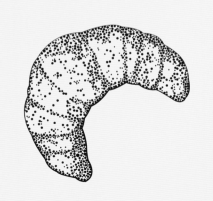

FRIED AND LEAVENED SWEETS

油炸和发酵甜品

敢问世上还有什么会比油炸或发酵过的甜品更加美味的吗？当然没有。正因为如此，在意大利举国欢度嘉年华狂欢节期间，这些甜品必不可少，能让想象驰骋，让食欲大开。在一年之中最为欢乐的假期里，让自己尽情享受至高的欢愉，这自然也包括甜品。

因此，很难想象如果嘉年华上没有了经典的嘉年华糖霜条会是什么样，各地都有自己独到的做法，还起了当地的别名（例如 chiacchiere、frappe、cenci、bugie、lattughe、galani、crostoli 和 cenci 等许多名字），十分诱人，还有搭配樱桃同食的，好吃得让人停不下嘴。还有一些嘉年华"必吃甜点"——苹果甜甜圈，讨人喜欢的金黄色外皮，选用新鲜水果精心制作而成；夹心炸糕——里面填满了奶香十足的卡仕达酱、巧克力或杏子/樱桃果酱，吃下一口，一天都有好心情；还有迷人的意式甜甜圈——糖粒包裹之下令人愉快的松软圆球。光是看看这些甜品，心情就很好。

在这一章节中提到的所有配方都是意大利的经典之作，它们甚至承载了一部分意大利的悠久历史。在天主教国家中举行的嘉年华狂欢习俗来源于异教徒的节日，比如罗马的农神节。在农神节期间，一切工作与商业活动暂停，社会责任暂时抛于脑后、尽情地恶作剧、尽情地放纵、畅怀地吃甜食也是重要的一部分。不仅因为它们并非日常所需且一无是处，而且因为比起其他任何食物，甜品能持续带来幸福感和满足感。众所周知，早在古罗马，所有的油炸甜品都做成了圆球形状（或大或小，填入或裹上了蜂蜜），抑或是切成了条状，或发酵整成了圆环形状。

当然，其中也有一些甜品完全无关乎嘉年华的狂欢。例如那不勒斯蜂蜜糖球——一颗颗精致小巧淌着蜂蜜、披着彩色糖粒的炸面团——是当地著名的圣诞节甜品。在中部和南部地区也可见到它的身影，却有着其他叫法（翁布里亚和阿布鲁佐称其为"cicerchiata"、卡拉布里亚管它叫"cicirata"、在西西里则是"strufoli"），似乎是被希腊人带到了意大利。当时那不勒斯是古希腊在意大利南部殖民时期的几座重要城池之一。而其他与嘉年华无关的甜品是巴巴酒香蛋糕——那不勒斯当地甜品中的又一经典，以及名为潘妮朵尼的米兰圣诞节蛋糕。前者天天都能吃到，品尝原味或是佐以打发甜奶油、糖渍樱桃都口感极佳，但后者则仅在圣诞节期间供应。

意大利人喜欢在咖啡店里享用早餐。地道的意式早餐组合也是五花八门，各有讲究，例如一杯意式浓缩咖啡或卡布奇诺咖啡可以搭配意式可颂面包——层层分明的黄油酥皮，夹着香甜的奶油或果酱；威尼斯面包——松软的圆包顶上点缀着卡仕达酱和糖粒；果干糖棍——意式可颂面包的千层酥皮，与威尼斯面包的完美混搭，无一不是简单又美味的享受。

巴巴酒香蛋糕（Babà）

难度系数 2

4—6 人份

总耗时：2 小时 18 分钟（30 分钟制作 +30 分钟静置 +1 小时发酵 +17—18 分钟烘烤时间）

蛋糕 配料

2 量杯（250 克）高筋面粉

1/4 量杯 +1¾ 茶匙（65 克）无盐黄油（室温软化）

2 汤匙（25 克）细砂糖

4 个鸡蛋

2 汤匙（30 毫升）水

约 2½ 茶匙（12 克）干啤酒酵母

1 撮香草粉

柠檬皮屑

3/4—1 茶匙（约 5 克）盐

适量黄油、面粉（用以涂抹蛋糕模具）

风味糖浆 配料

1/4 量杯 +1 汤匙（75 毫升）水

1 量杯（200 克）白砂糖

约 1/3 量杯 +4¼ 茶匙朗姆酒或柠檬甜酒

装饰 配料

打发甜奶油

奶油裱花

卡仕达酱

糖渍酸樱桃

做　法

准备风味糖浆：白砂糖溶于水，煮沸，放凉后加入利口酒或柠檬甜酒，拌匀待用。

制作蛋糕：在案板上，混合高筋面粉、干啤酒酵母，然后加入细砂糖、蛋液、香草粉和柠檬皮屑。向混合粉中加入适量水，最后加入无盐黄油和盐，搅拌、揉搓成面团。将面团揉至表面光滑、出膜后，滚圆，放在撒过面粉的案板上发酵。等面团发酵至体积明显增大（一般在 68 ℉ /20℃ 左右室温下，20—30 分钟即可），排气，分成 1—1.5 盎司（30—40 克）的小面团，整形成圆球形状。

在蛋糕模具中事先涂黄油并撒面粉，然后放入面团，再放在温暖湿润处进行发酵。一般需要 60 分钟，不同室温下根据面团状况相应调整发酵时间。发酵好后，用 400 ℉（220℃）的温度烤 17—18 分钟左右。

烤好后从烤箱取出蛋糕，待一冷却立刻脱模，用针戳几下蛋糕后，将其放入糖浆浸泡。泡过糖浆的蛋糕再烤一下表皮，以锁住里面的糖浆。

品尝前，轻按挤出多余液体，再按个人喜好，搭配打发甜奶油、卡仕达酱或者糖渍酸樱桃等食用。

波兰传至意大利

尽管某宫廷史书记载，这款蛋糕最早发源于波兰，由斯坦尼斯拉斯·莱什琴斯基国王创造出来，却在意大利的那不勒斯生根发芽，日渐受人欢迎，一跃成为糖果店里人气不减的抢手货。它常做成蘑菇状圆柱，尺寸多样，有的做成圆圈形，中间加打发甜奶油，像甜甜圈一样，搭配卡仕达酱和糖渍酸樱桃。

糖粉炸泡芙球（Bignè fritti）

难度系数 1

4—6 人份

总耗时：25 分钟（20 分钟制作 +5 分钟油炸时间）

泡芙球 配料

1 量杯 + 约 9½ 茶匙（150 克）高筋面粉

1 量杯 + 约 2¾ 茶匙（250 毫升）水

约 2½ 茶匙（10 克）细砂糖

10½ 茶匙（50 克）无盐黄油

1 撮盐

3 个鸡蛋

适量食用油

装饰 配料

适量细砂糖

内馅 配料

约 5.3（约 150 克）卡仕达酱

做　法

在奶锅中放入无盐黄油、水、盐、细砂糖，拌匀，煮沸。

将黄油液倒入全部高筋面粉中，继续加热，使面烫熟成团，不粘锅底。

将面团盛入碗内，少量多次地拌入蛋液。

用两个勺子，舀取面团，整形成球状，同时放入油锅内，炸至表面金黄。

炸好的泡芙球滤油后放在厨房吸油纸巾上控油，然后滚上细砂糖，在裱花袋里装入卡仕达酱，填进馅料即可。

给爸爸们的犒劳

在意大利，搭配卡仕达酱夹心的糖粉炸泡芙球又被称为"圣约瑟油炸奶油泡芙"，自古以来就是父亲节的节日甜品之一。天主教日历上每年 3 月 19 日要为耶稣之父圣约瑟庆祝。寻遍意大利每座城市每个地区，这小小的点心已演变出各地不同的版本，但万变不离其宗的就是它油炸的烹饪方式和香甜可口的卡仕达酱馅料——难以抗拒的美味诱惑。

意式甜甜圈（Bomboloni）

难度系数 2

4—6 人份

总耗时：3 小时 15 分钟（40 分钟制作 +2 小时 30 分钟发酵 +5 分钟油炸时间）

甜甜圈 配料

4⅓ 量杯 +3¼ 茶匙（550 克）高筋面粉

1 量杯 + 约 2¾ 茶匙（250 毫升）牛奶

1/3 量杯（80 毫升）水

5 茶匙（25 克）干啤酒酵母

1/3 量杯 +5 茶匙（100 克）无盐黄油（室温软化）

1/3 量杯 +2 茶匙（75 克）细砂糖

3/4—1 茶匙（约 5 克）盐

2 个鸡蛋蛋黄

2 个鸡蛋

1 撮香草粉

适量食用油

内馅 配料

150 克卡仕达酱（或果酱、巧克力酱）

装饰 配料

绵白糖

做 法

制作甜甜圈：1 量杯（125 克）面粉、干啤酒酵母和水混匀揉面。醒发 30 分钟。

向面团中加入剩余面粉、细砂糖、蛋液、蛋黄和香草粉，混合后加入牛奶。最后加入无盐黄油和盐，和面。面团和至表面光滑、出膜。将面团滚圆，放在撒有面粉的案板上，盖上棉布，室温发酵至少 1 小时。

在桌上撒些面粉，将面团擀成约 3/4 英寸（2 厘米）左右厚的饼，分割整形成直径约 4 英寸（10 厘米）的圆形。

将分割好的面团移至托盘，盖上棉布，放在温暖湿润处继续发酵至原体积的 2 倍大（约 1 小时）。

将发酵好的面团放入油锅中，炸至表面金黄。

炸好后的甜甜圈滤油后放在厨房吸油纸巾上控油，滚上绵白糖，再向裱花袋中装入卡仕达酱（或果酱、巧克力酱），为甜甜圈填馅。

温热时香气四溢。趁热吃为宜。

最美味的点心

问世间还有什么比意式甜甜圈更美味的东西吗？这圆圆的，用发酵面团油炸而成的甜品，包裹着如卡仕达酱等香甜软糯的馅料。在意大利，每年夏季摊贩们在海边搭起凉亭，迎来甜甜圈的销售旺季。早上晚些时候或下午结束时，对畅快游泳戏水的孩子们来说，它无疑是最爱的食物。吃完后指尖留下了糖粒，舔舔手指，带来一种令人愉快的仪式感。

嘉年华糖霜条（Chiacchiere）

难度系数 1

4 人份
总耗时：1 小时 3 分钟（30 分钟制作 +30 分钟静置 +3 分钟油炸时间）

糖霜条 配料
2 量杯（250 克）高筋面粉
8 茶匙（20 克）糖粉
约 5¼ 茶匙（25 克）无盐黄油
1/4 量杯减去 2 茶匙（50 毫升）牛奶
1 个鸡蛋
约 1/3—1/2 茶匙（1.5 克）泡打粉
1/2 个柠檬皮屑

1 汤匙格拉巴白兰地
适量香草粉
1 撮盐
适量食用油

装饰 配料
适量糖粉

做 法

将所有糖霜条配料混合，整形成圆团，用保鲜膜盖好松弛 30 分钟以上。

用压面机滚压成薄面皮。切刀分割成中等尺寸的长方形或菱形，也可以用切刀在每个长方形或菱形上纵向切 3 刀，翻起长方形（菱形）的一头，从中间的开口处穿过，经典造型就做好了。

放入油锅内，炸 3 分钟左右，捞出滤油后放在厨房吸油纸巾上控油。

最后在其上撒糖粉后即可品尝。

格拉巴白兰地——意大利代表性烈酒

嘉年华糖霜条是整个意大利举行嘉年华庆典期间，在所有城市都能见到的一款甜品。地方都赋予了它具有当地特色的独特外形，以及不一样的别名（例如 frappe、cenci、bugie、galani、crostoli、fiocchetti、guanti、intrigoni、lattughe、risole、stracci、pampuglie 等），而配料中的格拉巴白兰地，称得上是真正的意大利之魂。它是意大利人专门收集的果渣（酿葡萄酒时剩下的葡萄渣）蒸馏酿造而成。格拉巴白兰地按其酿制时间和加工方法的不同，也有贵贱之别，可以是新酒，也可以是陈酿（至少 12 个月木桶储藏发酵）或年份更久（至少 18 个月），可以是果香馥郁的（例如莫斯卡托小粒麝香葡萄或马斯喀特麝香葡萄），也可以是调以它味的（加入水果、草本植物，或根茎植物等天然香料）。

意式可颂面包（Cornetti all' Italiana）

难度系数 3

4—6 人份

总耗时：3 小时 48 分钟（1 小时制作 +2 小时 30 分钟发酵 +18 分钟烘烤时间）

面团 配料

2 量杯（250 克）高筋面粉

10½ 茶匙（50 克）无盐黄油

约 11 茶匙（45 克）细砂糖

1 个鸡蛋

2½ 茶匙（10 克）干酵母

1/3 量杯 +4¼ 茶匙（100 毫升）水

约 3/4 茶匙（5 克）蜂蜜

1/2 茶匙（3 克）食盐

1 撮香草粉

适量柠檬皮屑

起酥黄油

1/2 量杯 +2.5 茶匙（125 克）无盐黄油（室温软化）

约 9½ 茶匙（25 克）普通面粉

内馅 配料

适量果酱

适量巧克力酱

装饰 配料

1 个鸡蛋

浓稠的糖浆或糖粉（可选）

做 法

先制作基础面团：将面团配料中一半的高筋面粉，与干酵母、1/4 量杯（60 毫升）水一起和匀。醒发 30 分钟。

基础面团中再加入细砂糖、蛋液、蜂蜜、香草粉和柠檬皮屑，混合后加入 8 茶匙（40 毫升）左右的水。最后加入无盐黄油和盐，和匀。

将面团揉搓至表面光滑，出膜，滚圆后用保鲜膜包起，放入冰箱冷藏 30 分钟待用。

制作起酥黄油：将普通面粉和无盐黄油混匀，擀平成片状后放入冰箱冷藏成形待用。

待之前的面团低温松弛好，从冰箱取出，用擀面杖将面团擀成厚约 3/4 英寸（2 厘米）左右的正方形，将黄油片取出，放在面皮中间，捏起面皮四边完全包住黄油。再将其擀成长方形后折三折，沿折叠方向擀开，再折三折，此时面皮已反向翻转。将面片装入塑料袋中，放入冰箱冷藏 30 分钟以松弛。30 分钟后取出面皮再重复 2 次"三折"的步骤。

最后将面皮擀平，分割成厚约 1/8 英寸（3 毫米）左右的三角形。用勺子舀取 1½ 茶匙（10 克）的果酱或巧克力酱，涂抹在每个三角形面皮较短的一边上，卷成羊角形状。

将卷好的面包半成品平铺在铺好烘焙油纸的烤盘上，放在温暖湿润处发酵（温度 86 ℉/30℃时，需 90 分钟左右）。

在发好的面团表面刷上蛋液，以 425 ℉（220℃）的温度烤 17—18 分钟左右。

烤好后立刻出炉。可以按个人喜好，在表面刷层糖浆或撒些糖粉即可品尝。

葡萄干炸果（Frittelle all'uvetta）

难度系数 1

4 人份

总耗时：1 小时 20 分钟（15 分钟制作 +1 小时静置 +5 分钟油炸时间）

炸果 配料

3/4 量杯 +2½ 茶匙（100 克）高筋面粉

2/3 量杯（100 克）葡萄干

1 茶匙（5 克）干啤酒酵母

7¼（30 克）细砂糖

2 汤匙（30 毫升）特级初榨橄榄油

适量牛奶

适量食用油

装饰 配料

适量糖粉

做　法

先和面，将高筋面粉、干啤酒酵母、细砂糖、橄榄油和满满 1 勺牛奶倒入厨师机和匀。

将和好的面团放入冰箱冷藏发酵 1 小时左右。用汤勺插入面团来检查面团状态。面团干硬的话，可再加少量牛奶。

将葡萄干拌入面团，拌好后以 1 勺混合糊为量，滚圆后入油锅。

炸至表皮金黄，滤油后放于厨房吸油纸上控油。

温热时香气四溢。趁热吃为宜。

品尝前，表面别忘撒上些糖粉。

嘉年华上全部甜品皆油炸

各种油炸食品，例如这款香甜可口的葡萄干炸果，是整个意大利狂欢节期间必不可少的嘉年华美食之一，当然，平日里当作解馋的零嘴小吃或餐后甜品早就是意大利人习以为常的了。它们可以添加各种馅料，也可以原汁原味，加上些新鲜水果或什锦果脯、坚果、巧克力碎块也是不错的选择，调味上也有讲究，可以用肉桂粉、香草粉或柠檬皮屑，还有甜橙皮。不论哪种组合搭配，都美味得让人心满意足。

苹果甜甜圈（Frittelle di mele）

难度系数 1

4 人份
总耗时：1 小时 20 分钟（15 分钟制作 +1 小时静置 +5 分钟油炸时间）

甜甜圈 配料
2 个苹果
约 4¼ 量杯（1 公升）牛奶
约 2½ 茶匙（10 克）细砂糖
1 量杯（125 克）高筋面粉
1 个鸡蛋
额外 1 个鸡蛋蛋黄
适量食用油

装饰 配料
适量糖粉

做 法
　　将高筋面粉、牛奶、蛋液、额外的蛋黄和细砂糖混合，搅拌成面糊。将搅拌好的面糊放入冰箱静置 1 小时。
　　1 小时后，用勺子检查面糊的稀稠程度，如果有必要，可以再适当加几滴牛奶。
　　将苹果去核，并切成圆圈片，然后将苹果圈放入面糊中。
　　锅中倒入适量食用油，将裹好面糊的苹果圈放入沸腾的油中炸一下，待其表面金黄即可捞出，放在吸油纸上吸掉多余的油。
　　将糖粉撒在苹果圈上，并趁热伴着香味品尝。

简单、健康又精致
　　做法简单，不费功夫，却十分美味。这道苹果甜甜圈，作为上阿迪杰省的地道甜品之一，充分表现了这片苹果产地的作物品质，兼顾了健康和美味。它可以当作饭后甜品，又可以当作孩子们的零食（哄骗他们吃水果的小花招），或者当作可口荤食的配菜也不错。鲜美的肉香与苹果的清甜形成美妙的对比，同时苹果那讨人喜欢的微酸口感还轻松化解了肉类的油腻。

潘妮朵尼（Panettone）

难度系数 3

可制作 6 个重量约 1 磅（500 克）的潘妮朵尼

总耗时：27—34 小时左右（3 小时 30 分钟制作 +23—30 小时静置 +30—35 分钟烘烤时间）

第一次发酵 配料

约 9 盎司（约 250 克）老面酵种

3 量杯（375 克）高筋面粉

约 3/4 量杯（175—190 毫升）水

第二次发酵 配料

1/4 量杯 +1½ 茶匙（150 克）老面酵种

1¾ 量杯 +2½ 茶匙（225 克）马尼托巴面粉

1/3 量杯 + 约 5¼ 茶匙（105 毫升）冰水

第一次和面 配料

1/4 量杯 +1½ 茶匙（150 克）老面酵种

2/3 量杯减去 1/4 茶匙（150 克）无盐黄油

3 量杯 + 约 8 茶匙（750 克）高筋面粉（在意大利，常用特制的圣诞节蛋糕粉）

1⅓ 量杯 +2 茶匙（325 毫升）水

3/4 量杯（150 克）细砂糖

8 个鸡蛋蛋黄

第二次和面 配料

1 量杯 +9½ 茶匙（150 克）高筋面粉（在意大利，常用特制的圣诞节蛋糕粉）

1½（9 克）盐

3/4 量杯（150 克）白砂糖

2/3 量杯减去 1/4 茶匙（150 克）无盐黄油

8 个鸡蛋蛋黄

约 5 汤匙 +1/2 量杯（75—125 毫升）水

适量香草粉

适量柠檬皮屑

2 量杯（375 克）葡萄干

8 盎司（约 225 克）糖渍橙皮和圆佛手柑（切丁待用）

做 法

早上 8：00，动手准备第一次发酵用的酵种面团：将老面酵种、高筋面粉和水揉捏 15—20 分钟左右，至面团表面光滑。分出 1 磅（约 500 克）面团，留着下次待用。

剩下 10.5 盎司（约 300 克）的面团，滚圆放入碗中（非金属质的容器），用刀划出 "X" 形十字切口，在 86 ℉（30℃）的温度下发酵 4—5 小时，使其体积增至原来的 2 倍。

用刀割去早上发好的酵种面团表皮，从中分出 5.3 盎司（约 150 克）来准备第二次发酵。将酵种面团、马尼托巴面粉和冰水混合，和面，滚圆后放入碗中， 用刀划出 "X" 形十字切口，在 86 ℉（30℃）的温度下发酵。

下午 5：30—6：00 时，准备主面团。将细砂糖融于温水，放在一边待用。用刀割去二次发酵完成的酵种面团表皮，取 5.3 盎司（约 150 克）。向面团中加入无盐黄油，留意面团温度不宜变热。放入厨师机中，加入酵种搅拌。停止机器，加入高筋面粉，温糖水，继续和面，并少量多次加入蛋液。面团揉至表面光滑（按需要可多加水，但最多不能超过 10 茶匙（50 毫升）

第一次和面完成后，将面团滚成圆形放入容量大于面团 2 倍体积的容器中，在 77—80 ℉（25—

27℃）左右发酵 8—12 小时。

第二天早上 8：00，准备第二次和面。无盐黄油、鸡蛋蛋黄混合后，放在一边待用。将发好的面团再次放入厨师机中，倒入高筋面粉、盐，稍加搅拌，放入细砂糖，再搅拌。少量多次地加入无盐黄油和蛋黄的混合液。最后加水（使面团变得柔软）、香草粉、柠檬皮屑。再向面团中拌入葡萄干、糖渍橙皮和圆佛手柑碎粒。在机器搅打过程中，把果丁揉进面团。

将揉好的面团放在木板上，折叠几次，静置半小时。分割成小团，大小适合圣诞节蛋糕的模具尺寸。双手滚圆后，表面抹上黄油，放在木板上在 95 ℉（35℃）的温度下发酵 30—45 分钟：面团表面生成一层"皮肤"。

把醒发好的面团装入磨具，注意不要破坏"皮肤"。

在 95 ℉（35℃）的温度下继续发酵。过 4—5 小时，面团膨胀至几乎满模时，可准备送入烤箱。

入烤箱前半小时，先脱模，然后再用刀在其顶部划"X"形十字切口，"削去"些边角。每个开口中间都抹上些黄油，然后放在烘焙油纸上，入烤箱。

以 475 ℉（240—250℃）的温度烤至表面微微上色后，将烤箱温度调至 350 ℉（180℃）。每个潘妮朵尼重量在 1 磅左右，烘烤 30—35 分钟即可。

烤好后的潘妮朵尼立刻取出烤箱，侧边朝上翻倒在晾架上，至完全冷却即可。

那不勒斯蜂蜜糖球（Struffoli）

难度系数 1

4 人份

总耗时：50 分钟（30 分钟制作 +15 分钟静置 +5 分钟油炸时间）

面团 配料

2⅓ 量杯 +3¼ 茶匙（300 克）高筋面粉

约 8½ 茶匙（40 克）无盐黄油

2 汤匙（25 克）白砂糖

1 汤匙（15 毫升）牛奶

2 个鸡蛋

额外一个鸡蛋蛋黄

1 汤匙茴香利口酒

1 撮苏打粉

1 撮盐

适量食用油

装饰 配料

约 2/3 量杯（225 克）蜂蜜

1 盎司（约 30 克）糖渍橙皮

0.3 盎司（约 10 克）彩色糖粒

做　法

提前半小时从冰箱里取出黄油，室温软化。

把高筋面粉倒在案板上，中间挖洞，将无盐黄油、白砂糖、盐、苏打粉、鸡蛋、蛋黄和茴香利口酒倒在洞内。

用叉子或双手，先将洞中配料搅匀，然后慢慢捣入四周的面粉，一点点把面粉揉捏成团。

如果面团稀软，可以再加适量高筋面粉；若面团太干，则多加些牛奶。

和好面后，再摔打、揉搓 5—6 分钟。将面团滚圆后装入碗中（这一步骤很重要，隔绝空气防干燥），用保鲜膜封口，静置松弛 15 分钟。

接下来整形成"球形"。

用双手将面团搓成直径约 3/8 英寸（1 厘米）的细长条，分切成宽约 3/8 英寸（1 厘米）的小段。

将小段面团放入滚油里炸至表面金黄（5—10 秒），用滤勺滤油后，放在铺有厨房纸巾的餐盘里吸走多余油。

接下来准备淋酱：蜂蜜倒入锅内，微沸时加入糖渍橙皮，用勺子拌匀。

蜂蜜酱液在锅内煮 1—2 分钟，待酱液冒泡，起锅。把蜂蜜酱淋在糖球上。轻轻翻动，以防止粘成一团。然后将蜂蜜球立刻移到另一个盘中，放凉，撒上彩色糖粒装饰。

将成品放至室温便可品尝。

布里欧修玫瑰蛋糕（Torta di rose briosciata）

难度系数 1

4—6 人份

总耗时：3 小时 10 分钟（40 分钟制作 +2 小时发酵 +30 分钟烘烤时间）

蛋糕 配料

2 量杯（250 克）高筋面粉

1/4 量杯 +1¾ 茶匙（65克）无盐黄油（室温软化）

1/4 量杯（50 克）白砂糖

3 个鸡蛋蛋黄

1¾ 茶匙（7 克）干酵母

1/4 量杯 + 约 1 汤匙（75 毫升）牛奶

约 1/4—1/2 茶匙（2.5 克）盐

适量柠檬皮屑

1 撮香草粉

模具抹油撒粉 配料

约 2 茶匙（10 克）无盐黄油

约 4 茶匙（10 克）普通面粉

生面团填馅和抹面 配料

7 盎司（约 200 克）卡仕达酱

7½ 茶匙（50 克）杏子酱

1 个鸡蛋

做 法

取蛋糕配料中一半的高筋面粉，与干酵母加水揉面（加水量酌情增减）。醒发 30 分钟。

将剩余高筋面粉、白砂糖、蛋黄、柠檬皮屑、香草粉和适量的牛奶全部加入，和匀，最后放入黄油和盐，继续揉。

面团揉至起筋出膜，表面光滑，滚圆后放在撒过普通面粉的案板上，盖上布静置。

等面团发酵至体积明显增大（一般在 68 ℉ /20℃ 左右室温下，20—30 分钟即可），排气后分割成 1/4—1/8 英寸（约 5 毫米）厚的长方形，抹上卡仕达酱，卷起，切分成小段。宽度略长于模具高度。

模具内壁抹黄油，撒粉。面团卷切口朝上，垂直放入。放置于温暖湿润处进行第二次发酵。第二次发酵一般需要 60 分钟，不同室温下根据面团状况相应调整发酵时间。

发好的面团表面刷上蛋液，在 425 ℉（220℃）的温度下烘烤 30 分钟。

烤好后从烤箱中取出，把杏子酱倒入小锅加热后刷在表面即可。

曼图阿之花

玫瑰蛋糕是一款经典的曼图阿甜品。据记载，它出现于 15 世纪末期，在曼图亚大公弗朗西斯科二世和伊利莎贝拉·德·埃斯特的庆婚典礼上被用来款待八方来宾。独特的造型，神似玫瑰花朵，如今经常用以庆祝母亲节，其喷香松软又花形娇美，以此来表达对母亲的敬爱之情。

夹心炸糕（Tortelli fritti）

难度系数 2

4—6 人份
总耗时：2 小时 45 分钟（40 分钟制作 +2 小时发酵 +5 分钟油炸时间）

蛋糕 配料
2 量杯（250 克）高筋面粉
约 4.5 盎司（125 克）土豆
1 茶匙（5 克）干啤酒酵母
约 2½ 茶匙（10 克）白砂糖
约 5¼ 茶匙（25 克）无盐黄油（室温软化）
1 个鸡蛋
1/4 量杯减去 2 茶匙（50 毫升）牛奶
1 撮盐

适量食用油

内馅 配料
1/2 量杯 +2 汤匙（200 克）果酱（最好是樱桃或李子酱）

装饰 配料
糖粉

做 法

倒一些牛奶，溶解干啤酒酵母。土豆洗净后带皮煮熟，去皮压成泥，放凉待用。

将高筋面粉、土豆泥、啤酒酵母奶液、蛋液和白砂糖拌在一起，和面。再向面团加入剩余的牛奶，继续和面。最后，向面团放入无盐黄油和盐，接着和面。

面团揉至表面光滑，可拉出薄膜，滚圆后盖上棉布，室温下醒发至少 1 小时。

1 小时后，将面团排气并擀成 1/4—1/8 英寸（约 0.5 厘米）厚。在一半的面皮上，间隔均匀地各放上半勺果酱，盖上另一半面皮，对折封口。再用刮板将其分割成四方形，整形。

整好形的生面包平铺在撒有面粉的托盘上，在温暖湿润处发酵至原体积的 2 倍大（约 1 小时）。

锅内倒入足量的食用油，将发好的方包炸至表面金黄。

炸好的方包滤油出锅，放在厨房纸巾上吸走多余油，然后撒上糖粉即可。

嘉年华必备炸糕

夹心炸糕是意大利嘉年华狂欢期间随处可见的必备点心，这期间真可谓油炸甜品大行其道。它可以随心所欲地做出各种形状——圆形、圈形，又或是四方形。夹心也各式各样——卡什达酱、樱桃或李子果酱，再或者是巧克力奶油。如此集美貌与内涵于一体的甜品，诱惑实在难挡！

果干糖棍（Trecce all'uvetta）

难度系数 2

4—6 人份

总耗时：3 小时 50 分钟（30 分钟制作 +30 分钟静置 +2 小时 30 分钟发酵 +18—20 分钟烘烤时间）

面团 配料

2 量杯（250 克）高筋面粉

10½ 茶匙（50 克）无盐黄油（室温软化）

1/4 量杯（50 克）白砂糖

1/3 量杯 +4¼ 茶匙（100 毫升）水

1¾ 茶匙（7 克）干酵母

1 个鸡蛋

1/8—1/4 茶匙（约 2.5 克）盐

1 撮香草粉

柠檬皮屑

7 盎司（约 200 克）干层酥皮生面团

3.5 盎司（100 克）卡仕达酱（或果酱）

1 盎司（约 30 克）葡萄干

装饰 配料

1 个鸡蛋

适量绵白糖

做 法

取配料中一半的高筋面粉，与干酵母加水揉面（加水量酌情增减），揉好后醒发 30 分钟。

30 分钟后，将剩余高筋面粉、白砂糖、蛋液、柠檬皮屑、香草粉和适量的水全部加入，和匀，再放入无盐黄油和盐，继续和面。和好的面团表面光滑，拉得出薄膜，滚圆后放在撒过粉的案板上，盖布静置。

在 68 ℉（20℃）左右室温下，静置 20—30 分钟左右，面团可发酵至体积明显增大。发酵好后排气，将面团擀成 1/8—1/4 英寸（约 4 毫米）厚的矩形，再将干层酥生面团擀成同样大小，厚度则为 1/8 英寸左右（3 毫米），覆于之前擀好的矩形面片之上。将两层面片一起三折叠，放入冰箱冷藏 30 分钟。

30 分钟后取出面团，擀薄，面皮厚度擀至约 1/8 英寸（3 毫米），涂抹卡仕达酱或果酱，再撒上葡萄干，面饼对折。将面片分割成约 1¼ 英寸（3 厘米）宽的长条，拧成螺旋状。

将螺旋条均匀地放在铺好烘焙油纸的烤盘上，相互间隔开足够的空间，放在温暖湿润处进行二次发酵。二次发酵一般需要 90 分钟，不同室温下根据面团状况相应调整发酵时间。

发酵后，表面涂蛋液，撒绵白糖。将烤盘送入烤箱，以 425 ℉（220℃）的温度烤 17—18 分钟即可。

美味早点与全家共享

松软的果干糖棍里包裹着奶香十足的卡仕达酱，再搭配上一杯香浓的意式咖啡或卡布奇诺，就成了意大利咖啡店里常见的经典早餐组合。只需费上一点小功夫，在家也能做出好吃的果干糖棍。如果工作不忙，或有闲暇时间练练烘焙手艺，那么在这短短 3 小时里，就能为惬意的周末早晨准备好与家人共享的美味早餐。忙碌的一天从光顾咖啡店开始，这固然是典型的意式生活，然而在家享受亲手烹饪的乐趣，那满屋子的香气和家人共度的美好时光更是弥足珍贵。

威尼斯面包（Veneziane）

难度系数 3

4—6 人份

总耗时：3 小时（40 分钟制作 +2 小时发酵 +17—18 分钟烘烤时间）

面包 配料	柠檬皮屑
2 量杯（250 克）高筋面粉	
10½ 茶匙（50 克）无盐黄油	**抹面 配料**
1/4 量杯（50 克）白砂糖	1 个鸡蛋
1/3 量杯 +4¼ 茶匙（100 毫升）水	
1¾ 茶匙（7 克）干酵母	**装饰 配料**
1 个鸡蛋	卡仕达酱
1/4—1/2 茶匙（约 2.5 克）盐	粗砂糖
1 撮香草粉	

做 法

取面包配料中的一半的高筋面粉，与干酵母加水揉面（加水量酌情增减）。和好的面醒发 30 分钟。

30 分钟后将剩余的高筋面粉、白砂糖、蛋液、柠檬皮屑、香草粉和适量的水，全部加入，和匀。最后放入黄油和盐。

和好的面团表面光滑，拉得出薄膜，滚圆后放在撒过粉的案板上，盖上布静置。

等面团发酵至体积明显增大（一般在 68 ℉ /20℃ 左右室温下，20—30 分钟即可），排气后分割成每份重量 2.5—3 盎司（70—88 克）的小面团。滚成圆形。

将滚圆后的面团放在铺好烘焙油纸的烤盘上，相互间隔开足够空隙，放在温暖湿润处进行二次发酵。二次发酵一般耗时 90 分钟，不同室温下根据面团状况相应调整发酵时间。

发酵完成后，表面涂抹蛋液，用裱花袋装入卡仕达酱，在面团顶部挤上卡仕达酱，撒些粗砂糖粒。

将半成品送入烤箱，以 425 ℉（220℃）的温度烤上 17—18 分钟即可出炉。

圣约瑟炸面圈（Zeppole）

难度系数 1

4—6 人份

总耗时：2 小时 15 分钟（40 分钟制作 +1 小时 30 分钟发酵 +5 分钟油炸时间）

面圈 配料

1¼ 量杯 +1½ 茶匙（160 克）高筋面粉

3/4 量杯 +4½ 茶匙（200 毫升）水

1/4 量杯 + 约 3/4 茶匙（60 克）无盐黄油

4 个鸡蛋

约 4¾ 茶匙（20 克）白砂糖

1/2—3/4 茶匙（约 4 克）盐

适量食用油

内馅 配料

适量卡仕达酱

适量糖渍酸樱桃

装饰 配料

适量糖粉

做 法

在奶锅中倒入水，放入无盐黄油块、盐、白砂糖，煮沸。

向黄油液体中倒入全部高筋面粉，边加热边搅拌，搅拌至面糊水分收干，不粘锅底。

将煮好的面糊盛入碗中，向其中少量多次地倒入蛋液，搅拌均匀。

混合好的面糊装入裱花袋中，用 6 齿（齿数随意）裱花嘴，在烘焙油纸上挤出圈形。揭去油纸，下锅油炸。

炸至表面金黄即可出锅。

用厨房吸油纸巾吸走多余油。填入卡仕达酱夹心，点缀上糖渍酸樱桃，撒上糖粉即可。

圣约瑟——从木匠改行卖炸面圈

圣约瑟炸面圈又被称为"泽珀炸面圈"，是父亲节必备的甜品，其起源可以追溯到公元 1 世纪。在古罗马时期，人们普遍相信这么一个说法——为了资助玛丽亚和耶稣前往埃及，圣约瑟曾经以卖炸圈营生。然而历史过于久远，真实与否无从验证，但传说却引人入胜，展现了圣人人性的一面。不论如何，最重要的莫过于，除了圣约瑟和他的圣家庭之外，如今我们也能品尝到这美味可口的炸面圈了。

CANDY AND
CHOCOLATES

糖果和巧克力

美味带来的愉悦感在口中仿佛一场小爆炸，令人怦然心动的精湛制作技巧，还有迸发的创造热情——糖果和巧克力，无疑是快乐的泉源。意大利人口口相传着不少文艺复兴时期发生的厨房传奇，色香味俱全，被称为"神的食物"。自由想象这些原料组合之下会产生什么美妙的口感，选用指定品种的巧克力搭配一些不寻常的配料，如辣椒、生姜等香料，茴香和芹菜等蔬菜，迷迭香和月桂叶等芳香植物，甚至连茶、红酒、橄榄油、香脂醋和帕玛森干酪也会用到。

而在接下来的这一章中，精选出了在意大利美食文化中众多拥有悠久历史的传统糖果和巧克力。在家中即可轻松操作，无需专业技巧，成品还能带来绝妙的感官享受。简单的如巴旦木榛果巧克力球、松露巧克力，其呈现出的是白色、黑色和开心果的绿色，它们通常是花上半小时就能完成的精致甜品。极负盛名的库尼奥朗姆巧克力马卡龙、美味的黑樱桃巧克力饼、令人惊喜的"黑珍珠"（中间是白兰地浸渍的樱桃），还有优雅又有历史内涵的都灵巧克力（出现于 19 世纪中期毕德曼市），做起来相对复杂，但用来招待宾客，绝对能表现出无价心意。

如果说巧克力对于上述这些甜品而言是基本原料，那么糖对于糖果来说也是。例如树莓橡皮糖（也可以换其他当季新鲜水果，如蜜桃、草莓或菠萝等），硬质的糖粒也可以变得绵软，可以根据喜好调出不同风味、不同色彩；还有薄荷软糖，都是由最基础的白色糖膏变化出了千姿百态。

给舌尖带来甜蜜刺激并不只是依靠糖。在甜品的广袤世界里，还有许多美味，例如榛果脆——标准的意式圣诞家庭烹饪之作；意式牛轧糖——另一种在圣诞节和主显节时候享用的甜品。虽然这些在家制作有点难度，但只需一点小努力以及牢记技巧，也是能成功的。人见人爱的黑巧克力棒棒糖上面有坚果、果脯，这是传统彩色棒棒糖的巧克力化大改造……相信所有这些甜品都能轻松赢得所有人的喜爱。

水果硬糖（Caramelle）

难度系数 3

可制作 1 磅（约 500 克）左右的糖果

总耗时：45 分钟

配　料

1¾ 量杯（350 克）白砂糖

1/2 量杯 + 约 6¼ 茶匙（150 毫升）葡萄糖浆

1/2 量杯 + 约 1¼ 茶匙（125 毫升）水

约 1 茶匙（5 克）柠檬酸粉末

适量食用色素和香精（按个人喜好）

适量葵花籽油

做　法

柠檬酸粉末和水按 1:1 同等重量冲兑（1 茶匙 /5 克，精确称重）。

将配料中的白砂糖、葡萄糖浆和水倒入小奶锅。

用厨房温度计测温，将糖液加热至 290 ℉（142℃）。

慢慢将锅内糖膏倒在表面抹过少量油的大理石台面上，冷却 3—4 分钟。

按个人喜好，添加食用色素和香精。然后加入 0.125—0.25 盎司（5 克）柠檬酸溶液，用不锈钢刮铲从下向上翻搅几次，拌匀。当糖膏温度开始降低（此时容易塑形）时，搓成细长条形状，用剪刀剪成糖块（糖果店用专门的切割机器）。

糖块完全冷却后用糖纸包好，保存于干燥处避免受潮。

多姿多彩，甜蜜可口的糖果世界

意大利语中表示糖果的 "caramella" 一词，其语源不得而知。它可能是由两个阿拉伯语组合而成——阿拉伯语的 "kora"，意为 "小球"；还有 "mochalla"，意为 "一颗糖"。不管名字取自哪里，它毋庸置疑已成为甜品店里最美味、最受大人小孩欢迎的商品之一。它用糖加工而成，添加天然风味或其他原料，例如牛奶或巧克力。要做成软糖，可以使其中含有大量水分；若想做成硬糖，就如本配方所述，混合白砂糖和葡萄糖浆，再用高温加热，这样做出的硬糖成品如水晶般透明和坚硬。

榛果巧克力酱（Crema spalmabile al gianduia）

难度系数 1

可制作 14 盎司（约 400 克）的榛果巧克力酱
总耗时：25 分钟

配　料
约 4.5 盎司（125 克）黑巧克力
约 4.5 盎司（125 克）牛奶巧克力
3.5 盎司（约 100 克）榛子酱
10 茶匙（50 毫升）特级初榨橄榄油

做　法
　　将巧克力隔水或微波加热，使之融化，与牛奶混合。向巧克力混合液中加入榛子酱，拌匀，再倒入特级初榨橄榄油，加热至微冒热气。

　　充分搅拌液体至温热、变稠。

　　将榛果巧克力酱倒入玻璃容器内。

　　保存在阴凉处，但无须冰箱冷藏。

关于榛果巧克力酱的短暂（独具匠心）历史

　　这要从 1806 年拿破仑·波拿巴颁布《柏林敕令》，禁止与英国的一切通商以及通讯开始说起。当时此政策一出，自然殃及了可可豆的贸易。可可豆日益昂贵而稀有，皮埃蒙特地区所有专业的巧克力制造商们并没有因此绝望，相反，为了弥补原材料的短缺，他们想法子在巧克力中加入少量榛子酱。榛子选用的是产自朗格，名为通达·金尔泰的品种。朗格位于皮埃蒙特大区，其榛子品质优异。如此误打误撞地为巧克力找到了绝佳搭档。在 19 世纪中期，巧克力榛子的组合又在技艺精湛的巧克力师手中得到了改良。榛子需要烤熟后，再切碎加入巧克力。由此，榛果巧克力得以问世，并在 1865 年的嘉年华狂欢中，以都灵一位著名戏剧演员的名字命名了该巧克力（gianduiotto）。到 20 世纪中期，多亏有当年皮埃蒙特巧克力师的伟大创意，可涂抹食用的榛仁巧克力酱一经问世，便风靡全球。

都灵巧克力（Cremino Torino）

难度系数 3

可制作约 30 块巧克力

总耗时：13 小时 30 分钟（1 小时 30 分钟制作 +12 小时静置时间）

黑巧克力 配料

3/4 量杯（100 克）榛子仁（烤好待用）

1/2 量杯（100 克）白砂糖

3.5 盎司（约 100 克）黑巧克力

适量柠檬汁

白巧克力 配料

3/4 量杯（100 克）榛子仁（烤好待用）

3/4 量杯 +4 茶匙（100 克）糖粉

5.3 盎司（约 150 克）牛奶巧克力

做 法

制作黑色部分：将榛子仁铺在烤盘上，入烤箱，以 200 ℉（100℃）的温度稍微烘烤一下。

在奶锅里倒入白砂糖、几滴柠檬汁，最好用不镀锡的铜锅。中火将糖液加热至糖色呈金棕色，加入温热的榛果，用木勺拌匀。

在大理石台面上抹点油，将榛果糖倒在台面上，使其完全冷却。

将榛果糖块掰碎后放入搅拌机里，打碎。

融化黑巧克力，加入榛果泥，拌匀。

将一半黑巧克混合物倒入铺好烘焙油纸或保鲜膜的容器中，使其完全冷却。

同时，准备白色部分：将榛子仁和糖粉倒入食品搅拌机，打碎成泥。

融化牛奶巧克力，加入榛果泥，拌匀。

白色榛果巧克力倒在铺好的黑色巧克力上。等白色层结块变硬后，再倒上剩余的另一半黑色巧克力。

将成品在阴凉处放置一晚（最好不用冰箱冷藏），然后切成小方块即可。

黑白搭配，层次分明

都灵巧克力是耳熟能详的一道传统意式甜品。通常分为三层，上下两层是榛果黑巧克力，中间则是榛果白巧克力。19 世纪中期，在都灵当地制作甜品和利口酒的"巴拉荻和米兰诺商店"，其拥有者费迪南多·巴拉荻和埃多阿多·米兰诺创造出了它。另一款知名巧克力则来自于意大利第一家巧克力公司马加尼·蒂·博洛尼亚，当时是为庆祝 1911 年举办的一场菲亚特赛车会上推出的新款车型——Top4 而制作的。美味的黑白组合被做成了四层，两层榛果黑巧克力、两层合仁白巧克力。

榛果脆（Croccante alle nocciole）

难度系数 1

4 人份
总耗时：40 分钟

配　料
1¼ 量杯（250 克）白砂糖
约 1¼—2 量杯（250 克）榛子仁（烤好待用）
2—3 滴柠檬汁
适量特级初榨橄榄油

做　法
　　将榛子仁铺在烤盘上，送入烤箱，以 200 °F（100℃）的温度稍微烘烤一下。
　　在奶锅里倒入白砂糖、几滴柠檬汁，最好用不镀锡的铜锅。中火将糖液加热至糖色呈金棕色，加入温热的榛果，用木勺拌匀。
　　在大理石台面上抹点油，将糖液倒在台面上。用擀面杖将糖液压成约 3/8 英寸（1 厘米）左右的厚度。
　　在糖液完全冷却之前，用刀切成条状，或者等冷却之后，掰成块状。
　　做好的榛果脆需保存在密封容器中。

几滴神奇的柠檬汁

　　在这个食谱里，柠檬汁的存在并不仅仅因其高浓度的含酸量能缓解糖的甜腻，还能为甜品增加独特的风味。意大利的柠檬主要产自西西里岛、卡拉布里亚和坎帕尼亚。因为柠檬特别的酸郁果香，被意大利广泛运用在各种当地特色的甜品中，尤其是削下来的柠檬皮屑，用处颇多。它可以用糖腌渍，或做成厚质的果胶，还能加工提取。

库尼奥朗姆巧克力马卡龙（Cuneesi al rum）

难度系数 3

可制作约 25 个朗姆巧克力马卡龙
总耗时：3 小时（2 小时 40 分钟制作 +20 分钟烘烤时间）

蛋白饼 配料

1 个鸡蛋蛋白

1/4 量杯 +2½ 茶匙（60 克）白砂糖

1½—1¾ 茶匙（3 克）

低糖可可粉

5.3 盎司（约 150 克）黑巧克力

约 0.3 盎司（10 克）榛子酱

1/2 量杯 + 约 1¼ 茶匙（125 毫升）朗姆酒

1.75 盎司（50 克）卡仕达酱

1 撮香草粉

内馅 配料

约 3½ 汤匙（50 克）淡奶油

10 茶匙（50 毫升）葡萄糖浆

装饰 配料

5.3 盎司（约 150 克）黑巧克力

做 法

制作蛋白饼：将鸡蛋蛋白倒入碗中，用蛋抽搅打，待蛋白半打发状态时，加入 1/3 白砂糖，继续搅打，至蛋白立有小尖脚即可。往打好的蛋白中加入剩余白砂糖、低糖可可粉，用刮刀从下向上翻搅，拌匀。

裱花带搭配口径 3/8 英寸（约 1 厘米）的平齿裱花嘴，向裱花袋中装入蛋白糊，在铺好烘焙油纸的烤盘上挤出圆饼形。将烤盘送入烤箱，以 375 °F（190℃）的温度烤 20 分钟左右。

烤好后立刻出炉，从油纸上取下，并小心地在每个饼坯底部用手指按出个凹洞。

准备内馅：将黑巧克力切碎，放入碗中。混合淡奶油和葡萄糖浆，煮沸后浇在碎巧克力上。使黑巧克力融化至顺滑状态，加入榛子酱、香草粉和朗姆酒，拌匀，最后拌入卡仕达酱，拌匀。

待巧克力酱冷却凝结后，挤在事先做好的两片饼坯之间做夹心。

调制黑巧克力外衣：隔水或微波炉加热黑巧克力，用厨房温度计控温，用 110—120 °F（45—50℃）的温度融化黑巧克力。然后将碗中 1/3—1/2 的巧克力倒在大理石台面上，用刮铲翻搅，使液体温度降至 78—81 °F（26—27℃）时倒回剩余巧克力中。当温度升至 90 °F（31—32℃）时，准备就绪。

最后为马卡龙均匀裹上巧克力酱外衣即可。

让世界文豪都痴迷不已的顶级美味

库尼奥朗姆巧克力马卡龙是由两片巧克力口味蛋白饼，中间夹上巧克力朗姆奶油馅，表面裹以黑巧克力糖衣制作而成，是库尼奥山麓地区一道经典甜品。而如今，它早已闻名于世，甚至世界著名的大文豪欧内斯特·海明威于 1954 年 5 月 8 日到访那里时，恰巧路过创造了这道菜谱的安德里亚·沃林的甜品店，他买了两袋这款马卡龙，带给他在蔚蓝海岸度假的妻子一同分享。

薄荷软糖（Fondenti alla menta）

难度系数 2

4—4 人份
总耗时：4 小时 40 分钟（40 分钟制作 +4 小时冷却时间）

配　料
1 量杯（200 克）白砂糖
2 汤匙（30 毫升）葡萄糖浆
3 茶匙（40 毫升）水
绿色食用色素
薄荷提取物

做　法

将白砂糖、葡萄糖浆和水倒入小奶锅内加热（最好用铜锅）。

用厨房温度计控温，将糖水加热至 245℉（118℃）。用沾湿的刮刀不停翻搅，以防锅底烧糊。

大理石台面用水稍微打湿，把糖液缓慢倒于台面，冷却 3—4 分钟。用一把牢固的木质刮铲，从四周向中间翻搅混合。

几分钟后，糖膏颜色整体变白。

将糖膏倒回奶锅中，隔水加热，融化。此时可添加食用色素和薄荷提取物，调出薄荷的颜色和味道。

最后将糖液倒入合适的模具中定型，冷却 4 小时左右即可脱模。

只融于口的美味

在糖果制作工艺里，"糖膏"延展性极佳，具有很好的可塑性。洁白的原色，经常被用于蛋糕、酥点的裹面或造型，抑或添加入巧克力，也能单独做成糖果。入口之后它总能一点点地把甜蜜传递给每一个味蕾。它不仅有薄荷味的，还有香甜水果味的，如甜橙、柠檬、苹果、杏子以及巧克力、咖啡、利口酒味的……

树莓橡皮糖（Gelatine al lampone）

难度系数 2

可制作 100 颗橡皮糖

总耗时：25 分钟（15 分钟制作 +10 分钟熬煮时间）

橡皮糖 配料

约 2½ 量杯（300 克）新鲜树莓

1/2 量杯 +6½ 茶匙（150 毫升）水

0.7 盎司（约 20 克）果胶

2 量杯（400 克）白砂糖

3/4 量杯减去 1/2 茶匙（175 毫升）葡萄糖浆

约 1 茶匙（5 克）柠檬酸粉末

装饰 配料

适量细砂糖

做　法

　　将柠檬酸粉末和水以 1:1 同等重量冲兑（1 茶匙 /5 克，精确称重）。

　　把新鲜树莓放入搅拌机，搅成果泥后用滤网过滤去籽。称出 8 盎司（约 230 克）果泥，待用。

　　取 1/4 量杯（50 克）白砂糖与果胶混合，加入树莓果泥和水，煮沸。

　　向果泥中加入剩余的白砂糖和葡萄糖浆，用厨房温度计控温，将其加热至 220 ℉（106℃）。

　　向果泥中加入柠檬酸溶液，拌匀后，立刻将糖液倒入糖果造型的硅胶模具，或铺好烘焙油纸的圆形或方形模具中（等冷却后，可以用刀分割成小块）。

　　冷却后脱模，将糖块放在滤网上，用水蒸气烘一下表面，放在细砂糖里滚一下，蘸上糖衣即成。

让人忍不住吃进嘴里的糖果

　　果味十足又口感 Q 弹，裹着糖粉外衣，采撷当季新鲜水果，如草莓、蜜桃、菠萝、狝猴桃、柑橘等，榨取果汁制作而成。保存在密封罐内，放入冰箱冷藏，随时享用，是真正的鲜果美味。

棒棒糖（Lecca-lecca）

难度系数 3

可制作 8 根棒棒糖

总耗时：1 小时

巧克力口味 配料

3.5 盎司（约 100 克）黑巧克力

约 1.5 盎司（约 40 克）什锦果仁、糖渍水果或

葡萄干

4 根木质糖棍

纯糖口味 配料

1/3 量杯 +3/4 茶匙（70 克）白砂糖

2 汤匙（30 毫升）葡萄糖浆

5 茶匙（25 毫升）水

约 1/4 茶匙（1 克）柠檬酸粉末

适量食用色素和香精（按个人喜好）

4 根木质糖棍

做 法

　　隔水或微波炉加热融化黑巧克力，用厨房温度计测温，将其加热至 110—120 °F（45—50℃）。然后将碗中 1/3—1/2 的巧克力倒在大理石台面上，用刮铲翻搅，待液体温度降至 78—81 °F（26—27℃）时倒回剩余巧克力中。当巧克力温度升至 88—90 °F（31—32℃）时，准备就绪。

　　烤盘上铺好烘焙油纸，摆放上木棍，木棍间相隔一定距离。巧克力等分为 4 份，分别倒在 4 根木棍的一头。轻轻挪动油纸，巧克力自然向四周摊开成圆形，立刻在表面放上什锦果仁、糖渍水果或葡萄干。待巧克力凝固后从油纸上取下即可。

　　制作纯糖口味时，将柠檬酸粉末融于同等重量的水（少于 1/4 茶匙或 1 克的水）中。

　　小奶锅里倒入白砂糖、葡萄糖浆和水，用厨房温度计测温，将糖液加热至 290 °F（142℃）。

　　关火起锅。将锅底浸没在冷水中 2—3 秒钟。然后按个人喜好加入食用色素和香精，拌匀。再加入 4—5 滴柠檬酸溶液，拌匀。

　　将 4 根木棍间隔一定距离平放在硅胶垫或抹过油的大理石台面上，将混合好的糖液分别倒于木棍的一端，待完全冷却即可。

谁是棒棒糖之父

　　说起棒棒糖背后的创作灵感，似乎颇有典故。但如今为我们所熟知的棒棒糖，是 1908 年美国人乔治·史密斯做成的。第一根棒棒糖体型巨大，螺旋形的彩色糖面用一根木根插着。到了 1931 年，史密斯申请了该项专利，并正式命名为"棒棒糖"，以纪念著名的赛马"洛利·波普"（泽注：Lolly Pop，棒棒糖的英文名为"lollipop"）。

巴旦木榛果巧克力球（Mandorle e nocciole ricoperte di cioccolato）

难度系数 1

4 人份

总耗时：40 分钟

配　料

约 6.3 盎司（约 180 克）黑巧克力

3/4 量杯 +2 汤匙（125 克）整颗巴旦木（去皮）和烤好的榛子仁

1/2 量杯（100 克）白砂糖

2 汤匙（30 毫升）水

做　法

将白砂糖、水倒入小奶锅内，煮沸。

向糖液中加入去皮的巴旦木和烤过的榛子仁，继续加热，不停搅拌至糖液透明。

果仁糖液倒在烘焙油纸上，放凉。

糖液一旦冷却后，将其移至大碗中待用。隔水或微波炉加热黑巧克力，使之融化。取 1/4 的黑巧克力液倒入果仁糖液。将混合糖液搅拌均匀，至巧克力凝固，小心地将果仁一个个地切分开来。

该步骤重复三次，每次只取 1/4 的巧克力液。

将裹上巧克力糖衣的果仁放在滤网上，滴去表面多余的巧克力液，保存在室温干燥处，或保存在一个密封玻璃罐或带盖的锡盒中即可。

摇身一改白巧克力口味

在巴旦木和烤过的榛子上，小心翼翼地裹上白巧克力糖衣，或许还能再加以装饰，在没有冷却之前，再撒上一些彩糖或放入蛋糕纸托中。白巧克力，用可可脂、牛奶和糖加工而成，拥有独特的甜味和象牙般透着点乳黄的白色。因为它不含可可，也许从严格意义上来说不应该被称为《巧克力》。第一块白巧克力诞生于 1930 年瑞士一家著名糖果厂的果仁糖产品中。更为成功的是，它被广泛用于甜品装饰、馅料制作，是制作巧克力、奶油和慕斯的不错选择。

黑樱桃巧克力饼（Parmigiani al Maraschino）

难度系数 3

可制作 25 块黑樱桃巧克力饼
总耗时：3 小时 18 分钟（3 小时制作 +18 分钟烘烤时间）

饼干 配料

约 1 量杯（125 克）榛子仁（烤好待用）

1¼ 量杯（250 克）白砂糖

1/2 量杯 + 约 4 茶匙（50 克）可可粉

1/4 个鸡蛋蛋白

1 撮香草粉

适量黄油、面粉（涂抹模具用）

内馅 配料

约 9 盎司（250 克）黑巧克力

1/4 连隔壁 +2½ 茶匙（60 克）白砂糖

1/4 量杯 + 约 1 汤匙（75 毫升）黑樱桃利口酒

2 汤匙（30 毫升）水

装饰 配料

5.3 盎司（约 150 克）牛奶巧克力

做 法

把榛子仁和白砂糖放入搅拌机内，充分打碎。再将榛果糖泥倒入碗中，加入香草粉、可可粉，混合拌匀。加入适量鸡蛋蛋白，这样烤出的饼坯柔软但不过于湿润。

裱花袋搭配口径 3/4 英寸（约 2 厘米）的圆平头裱花嘴，在裱花袋中装入蛋白糊，在涂过黄油撒过面粉的烘焙油纸上挤出半个核桃大小的饼坯。

烤盘送入烤箱，以 350 ℉（180℃）的温度烤 18 分钟左右。烤好后立刻将其取出烤箱，趁完全冷却前，揭去油纸。

准备内馅：白砂糖溶于水，加热，煮几分钟，煮至液体浓稠成糖浆状。盖上锅盖，待其冷却。隔水或微波炉加热黑巧克力，使之融化，放在一边待用。称取 2.7 盎司（约 75 克）糖浆，加入黑樱桃利口酒和巧克力液，搅匀。

当巧克力糖液浓度变稠时，涂抹在一片蛋白饼上，再盖上另一片蛋白饼。

再准备牛奶巧克力外衣：隔水或微波炉加热牛奶巧克力，用厨房温度计控温，将其加热至 110—120 ℉（45—50℃），融化牛奶巧克力。将碗中 1/3—1/2 的巧克力倒在大理石台面上，用刮铲翻搅，待液体温度降至 79—81 ℉（26—27℃）时倒回剩余巧克力中。当温度升至 86—88 ℉（30—31℃）时，准备就绪。将饼干均匀裹上巧克力液即可。

马拉斯卡樱桃利口酒

许多甜品配方中都能见到它，黑樱桃利口酒口感香甜，无色，由达尔马提亚的马拉斯卡樱桃酿制而成。据记载，它第一次出现可追溯到 16 世纪，在位于威尼斯达尔马提亚的扎拉的多米尼加修道院，一位药剂师酿造出了这瓶酒，并立刻取得了成功。

黑珍珠（Preferiti）

难度系数 2

4 人份
总耗时：25 小时（1 小时制作 +24 小时静置时间）

主体 配料
12 颗酒渍樱桃
约 9 盎司（250 克）黑巧克力

糖衣 配料
1 量杯（200 克）白砂糖
2 汤匙（30 毫升）葡萄糖浆
8 茶匙（40 毫升）水

做　法

滤干樱桃，轻轻拭去表面水分。

制作糖衣：将白砂糖、葡萄糖浆和水倒入铜质的平底锅内。

用厨房温度计控温，将糖液加热至 244 °F（118℃）。用蘸湿的刮刀不停翻搅，以防锅底烧糊。

将大理石台面用水稍微打湿，将糖液缓慢倒于台面，冷却 3—4 分钟。用一把牢固的木质刮铲从四周向中间翻搅混合。

几分钟后，糖膏颜色整体变白。

隔水加热，融化糖膏，均匀覆于樱桃表面。蘸好糖衣的樱桃放在烘焙油纸上或淀粉上（玉米、大米或其他食用淀粉皆可）但最好放在淀粉上，这样樱桃底部不会被压平。待其冷却凝固。

准备巧克力"外衣"：隔水或微波炉加热黑巧克力，用厨房温度计控温，将黑巧克力加热至 110—120 °F（45—50℃）的温度使之融化。然后将碗中 1/3—1/2 的巧克力倒在大理石台面上，用刮铲翻搅，黑巧克力液体温度降至 79—81 °F（26—27℃）时倒回剩余热巧克力中。当温度升至 88—90 °F（31—32℃）时，准备就绪。

为裹上翻糖糖衣的樱桃外层再均匀地淋上黑巧克力液。

品尝前需静置 24 小时。这样樱桃里的酒液有充分的时间溶解掉糖衣，使之慢慢渗透入巧克力。

酒精带来令人惊喜的灵感

黑樱桃又被意大利人称为"博埃里"（boeri）。这是烈酒浸泡过的樱桃表面裹着厚厚巧克力糖衣的一款糖果（通常用樱桃酒或白兰地浸泡）。这款糖果最传统的包装就是用红色亮膜纸来包装。它的名字的灵感来自于南非波尔军那颜色鲜艳的军装。

榛果米花夹心棒（Snack alla nocciola e riso soffiato）

难度系数 2

8 人份
总耗时：3 小时 5 分钟（50 分钟制作 +15 分钟烘烤 +2 小时静置时间）

配　料
约 9 盎司（250 克）酥塔皮生面团

约 9 盎司（250 克）巧克力口味酥塔皮生面团

5.6 盎司（约 160 克）榛果碎果仁

7 盎司（约 200 克）白巧克力（切碎）

5¼ 量杯（75 克）爆米花

做　法
用擀面杖将两种不同口味的酥塔皮生面团擀开，擀至厚度约 1/8 英寸（3 毫米，面饼表面可按个人喜好压上不同花纹），分割成 8 块，每块大小约 1.5×4 英寸（4×10 厘米）左右。

将上述面饼放在铺好烘焙油纸的烤盘上，送入烤箱，以 350 ℉（180℃）的温度烤 15 分钟左右。烤好后取出放凉。

准备内馅：用搅拌机将榛果碎果仁打成泥，加入白巧克力，继续搅打，至顺滑且颗粒均匀即可。将榛果白巧克力泥盛入碗中，拌入爆米花，静置。

在托盘上铺好一层之前做好的酥皮。当内馅变稠之后，将其涂抹在酥皮上，再盖上另一层酥皮。

将半成品放入冰箱里冷藏 15 分钟。取出后用刀对半切开，夹心内馅在冷藏过程中已结块成型，粘住了上下两层酥皮。最后放置于阴凉处几小时即可品尝。

全年都能享用的圣诞节日甜品

松脆可口的饼层之间可以选用巴旦木、榛子、核桃、芝麻或其他富含油脂的坚果来做夹心。这是一款传统美味的点心，在圣诞节期间，意大利家家户户都能见到它的身影，而且每个地方都坚称自己是发祥地。而它应该是以 13 世纪时，阿拉伯人用杏仁、蜂蜜、糖和香料做出的糖果为原型演变而来，所以这款甜品在意大利最有可能的发祥地恐怕是西西里。

松露巧克力球（Tartufi dolci）

难度系数 1

12 人份
总耗时：45 分钟

黑色松露 配料
约 0.7 盎司（约 65 克）黑巧克力
约 1/2 量杯（50 克）榛子仁（烤好切碎）
3/4 量杯 +4 茶匙（100 克）糖粉
约 6¾ 茶匙（12 克）无糖可可粉
4 茶匙（20 毫升）特级初榨橄榄油（冷压榨取）
适量含糖或无糖可可粉（最后装饰用）

白色松露 配料
2 盎司（约 60 克）白巧克力
1/3 量杯 + 约 4 茶匙（60 克）巴旦木
约 1/3 量杯（40 克）巴旦木薄片（烤好待最后

装饰用）
1/2 量杯 +2 茶匙（65 克）糖粉
另加约 3.3 盎司（100 克）白巧克力（最后装饰用）
适量糖粉（最后装饰用）

开心果松露 配料
3.5 盎司（100 克）黑巧克力
1/4 量杯（30 克）开心果果仁（切碎）
约 1 盎司（25 克）开心果酱
3.5 盎司（约 100 克）白巧克力（最后装饰用）
1/3—1/2 量杯（约 50 克）开心果果仁（切碎）
适量糖粉（最后装饰用）

做 法

制作黑色松露：融化黑巧克力，并和配料中的所有配料（除特级初榨橄榄油）混合，混合好后再加入适量橄榄油。在操作台面上撒一些可可粉，将巧克力搓成长条，再切成小块，将小块整形得像松露（不规则形状比较相似），然后放在装饰用巧克力粉中滚一下即可。

制作白色松露：用搅拌机打碎巴旦木和糖粉。融化白巧克，向其中加入巴旦木糖粉，充分拌匀。在操作台上撒一些糖粉，将白巧克力搓成长条，再切成小块。融化装饰用白巧克力（最后制作糖衣用），先放一旁。调整之前切好的白巧克力块外形，形似松露。然后为白巧克力块裹上薄薄一层白巧克力糖衣，接着立刻放入巴旦木薄片中，轻压以牢牢粘上巴旦木薄片外壳。

制作开心果松露：融化黑巧克力，和配料中的所有配料混合。在操作台上撒一些糖粉，将白巧克力搓成长条，再切成小块。融化装饰用白巧克力（最后制作糖衣用），先放一旁。白巧克力块搓圆后，蘸上白巧克力糖衣，接着立刻放入开心果碎屑中，轻压以确保粘牢碎屑。

形似蕈类真菌的糖果

松露巧克力不规则的外形让人不禁联想起真的松露菌。小小的一颗，可以裹上各种外衣，如无糖可可粉、白巧克力糖衣、巴旦木薄片和开心果碎。为了增加色彩，还能用碎榛果、糖粉、碎巧克力等。

牛轧糖（Torrone）

难度系数 3

4—6 人份
总耗时：1 小时 10 分钟（10 分钟制作 +1 小时烹制时间）

配　料

1½ 量杯（200 克）榛子仁（烤好待用）

1/4 量杯 + 约 2 茶匙（100 克）蜂蜜

2 汤匙（30 克）鸡蛋蛋白

1/2 量杯（100 克）白砂糖

8 茶匙（40 毫升）葡萄糖浆

4 茶匙（20 毫升）水

适量糯米纸

1 撮香草粉

做　法

将榛子仁铺在烤盘上，送入烤箱，以 200 ℉（100℃）的温度烤好待用。

用铜制奶锅加热蜂蜜，同时打发鸡蛋蛋白。将蛋白倒入煮沸的蜂蜜中，继续加热，不停搅拌，至蛋白糊温度达到 250 ℉（120℃）。向蛋白糊中加入香草粉，拌匀。同时，将白砂糖、葡萄糖浆和水加热到 250 ℉（120℃），拌入蛋白糊。

再向混合糊中拌入温热的榛果。在烤盘上铺好糯米纸（没有的话就用烘焙油纸代替），倒上做好的糊，并在其表面盖上糯米纸（油纸亦可），用擀面杖滚平糖块，并压以重物。

待完全冷却后，即可切块享用。

奶油果仁糖块里的古老风味

一款再经典不过的圣诞节糖果，据历史所记，它诞生于 1445 年 10 月，出现在弗朗切斯科·斯福尔扎和碧安卡·马利亚·维斯孔蒂在克雷莫纳举办的盛大婚礼上。根据这一说法，它的名字和外形让人联想到这座城市中名叫"特拉佐（Torrazzo）"的钟塔。在意大利，克雷莫纳是现在几大牛轧糖的重要产地之一，与古罗马人享用过的阿拉伯牛轧糖有着异曲同工之妙，而它的名字也是来自于拉丁语"torrere"一词，意为"烤干"，源于坚果需烤熟之后才能拿去做糖的意思。

GELATO AND CREAMY DESSERTS

意式冰淇淋和奶油甜品

即便是著名的意大利诗人贾科莫·莱奥帕尔迪——如此对人生报以浪漫主义悲观态度的人，对甜品也毫无抵抗力，例如意式冰淇淋、雪芭、慕斯、奶油等。然而痴迷如莱奥帕尔迪，其疯狂程度也不能与来自雷卡纳蒂的著名诗人相提并论。种类繁多、数量庞大的意式冰淇淋和奶油甜品是一群可怕的征服者。试问有谁能抗拒得了一份软滑绵密的巧克力慕斯，或者是趁热大口品尝萨芭雍酱的愉快感觉，又或者是散发诱人甜香的杏仁奶冻，抑或至简至臻的香草冰淇淋？

如今我们所熟悉的意式冰淇淋"gelato"是传统意式做法制作而成。意大利的街头巷尾，冰淇淋店数之不尽，制作冰淇淋的技师人数远超过当地的工业生产者，意大利人对冰淇淋的爱在世界上绝无仅有。据称，1686年巴勒莫的厨师弗朗西斯科·普罗科皮奥，用从特纳火山收集来的雪制作出了冰淇淋。它无疑是极其成功的发明，让这位怀着进取心的西西里人带着制作技术走进了法国国王的厨房，然后入住了巴黎第一家咖啡店拉·普洛科普。他所做的冰淇淋、水果雪芭和格兰尼塔冰糕，都赢得了极高的赞赏。他也因此获得了不少财富。奶油冰淇淋、萨芭雍奶黄酱和水果的甜品组合享誉盛名，它们甚至在1533年凯瑟琳·德·梅第奇和亨利二世的婚礼上被选中用来款待宾客。

意式冰淇淋的种类极其多。尽管那些工艺精湛又富有创造力的冰淇淋制作大师们都会发明出与众不同的新口味，然而永远撼动不了经典口味——巧克力、榛果、巧克力碎片、开心果、柠檬和草莓在我们心中的地位。有异曲同工之妙的还有奶油甜品，其品种之多足以震惊全世界。这其中不仅有口味上的区分，对于不同原料和加工工艺也有不同讲究，从简单的巧克力布丁，到淋着焦糖糖浆或是加入香浓巧克力酱、水果果浆口味的意式奶油布丁，还有层层相叠、奶香十足的英式甜糕不一而足。

本章介绍了不少奶油甜品。有些历史悠久，比如皮埃蒙特区的可可杏仁烤布丁，因为它所用的短小锥形铜质模具形似一顶圆帽，于是被当地人称为"bonet"。这令人称赞不已的布丁是13世纪宫廷御用的宴会甜品之一。

还有举世闻名的提拉米苏（tiramisù），不仅在意大利，在全世界范围内都广为人们所知，广为人们所爱。它原来的名字是"提拉美苏"（tiramesù），属威内托当地方言，20世纪60年代诞生于特莱维索当地一家名叫"Alle Beccherie"的餐厅里。斯巴图丁是威内托当地农民混合了蛋黄和糖做成的滋补甜品，也许是受到了这个甜品的启发，罗伯特大厨做出了提拉米苏。

杏仁奶冻（Biancomangiare alle mandorle）

难度系数 1

4 人份
总耗时：8 小时 30 分钟（30 分钟制作 +3 小时静置 +2—3 小时烹制 +2 小时冷藏时间）

配　料
约 2/3 量杯（100 克）巴旦木（去皮）
约 1¼ 量杯（300 毫升）水
约 9½ 茶匙（40 克）白砂糖
7½—9¼ 茶匙（20—25 克）玉米淀粉
柠檬皮屑
适量肉桂粉（可选）

做　法
　　把去皮的巴旦木放入食品搅拌机中完全打碎，加水拌匀后放入冰箱冷藏数小时。取出后用纱布过滤，杏仁露就准备好了。

　　预留出 1 量杯（250 毫升）杏仁露，取量杯中 3/4+4½ 茶匙的杏仁露倒入小奶锅，加白砂糖，煮沸。如果喜欢带点其他风味，此时可以加入柠檬皮屑和 / 或肉桂粉。

　　在剩余的凉杏仁露中拌入玉米淀粉（用量取决于个人喜好的口感），倒入小奶锅，煮 2—3 分钟，至液体明显变稠，加入之前那部分杏仁露，搅拌后静置一会儿，待液体温度降低一点后倒入模具或玻璃杯。

　　放入冰箱冷藏数小时即可品尝。

甜之和平

　　传统西西里风味甜点——杏仁奶冻，其名字取自于它用杏仁为原料制作而成的洁白外表，在意大利北部，特别是瓦莱达奥斯塔区也能找到。从南到北，它的香浓美味让整个意大利都心醉神迷。其早在中世纪时期就广为传播，在许多重要场合用以款待宴会来宾。据说在罗马教皇乔治七世和国王亨利四世签署完和平公约后的庆祝午餐上，卡萨诺城的玛蒂尔达也端上了这道甜品，当时可能制作的是菜肴式的奶冻。到 14 世纪，在意大利最早的菜谱集《烹饪之书》（*Liber de coquina*）中，提到了用鸡胸肉制作奶冻的方法，将米粉倒入杏仁奶露中拌匀，加入糖和白猪油，也可以做成其他品种，比如用白鱼肉代替猪油和鸡胸肉。

可可杏仁烤布丁（Bonet）

难度系数 1

4—6 人份

总耗时：3 小时 5 分钟（20 分钟制作 +45 分钟烘烤 +2 小时冷藏时间）

布丁 配料

1 量杯 + 约 2¾ 茶匙（250 毫升）牛奶

2 个鸡蛋

1/3 量杯 +2 茶匙（75 毫升）白砂糖

1/4 量杯减去 2 茶匙（18 克）可可粉

1 茶匙（5 毫升）朗姆酒

1.75（约 50 克）杏仁饼干（捏碎）

表面焦糖 配料

1/4 量杯（50 克）白砂糖

1 汤匙（15 毫升）水

做 法

制作表面焦糖：在小锅内倒入白砂糖和水，熬制糖液至颜色金黄。将煮好的焦糖糖浆倒入 2 量杯（500 毫升）容量的模具中，放凉待用。

制作布丁：在另一个小锅中加热牛奶。

同时，鸡蛋加白砂糖打匀，加入可可粉、杏仁饼干碎块和朗姆酒。向混合物中加入热牛奶，拌匀后倒入铺有焦糖糖浆底的模具中。

烤盘内加水，模具隔水放入。将烤盘送入烤箱，使用水浴法以 300—325 ℉（150—160℃）的温度烤 45 分钟左右。

烤好后取出放入冰箱冷藏至少 2 小时，然后取出脱模即成。

一项甜蜜的"帽子"

这是皮埃蒙特地区一款久负盛名的奶油甜品（更确切地说是在朗格，位于库尼奥和阿斯蒂两省之间的历史区域）。可可杏仁烤布丁通常是以巧克力或可可粉制作而成，当然如果这些原料没有也能制作，名字则叫作"蒙费拉托烤布丁"，从 13 世纪开始流行。还有一种做法是加入利口酒，常用的是朗姆酒。在过去，人们认为开胃酒特别利于消化，以此代替了咖啡。这道甜品的名字来自于皮埃蒙特当地方言，意为一顶圆形的帽子，也许是因为这款甜品常在餐后食用，寓意是为丰富的一餐画上的完美的句号。

巧克力布丁（Budino al cioccolato）

难度系数 1

4—6 人份

总耗时：3 小时 5 分钟（20 分钟制作 +45 分钟烘烤 +2 小时冷藏时间）

配　料

1 量杯 + 约 2¾ 茶匙（250 毫升）牛奶

半根香草荚

2 个鸡蛋

1/3 量杯 +3/4 茶匙（65 克）白砂糖

3.5 盎司（约 100 克）黑巧克力（切碎）

做　法

牛奶倒入小奶锅，加入纵向对半剖开的香草荚，煮热。

鸡蛋加入白砂糖打匀，再加入香草热牛奶和黑巧克力碎，搅拌均匀。

将混合液倒入模具或玻璃杯中。

烤盘内加水，模具隔水放入。将烤盘送入烤箱，水浴法以 300—325 ℉（150—160℃）的温度烤 45 分钟左右。

将半成品放入冰箱冷藏至少 2 小时，然后取出脱模即成。

黑巧克力——美味与健康可以兼而有之

"美味与健康可以兼而有之"是甜品使人发胖定律的一大例外。通常来讲，越是美味的食物越不利于身体健康。然而黑巧克力并非如此，除了美味的口感，它对身体也有一定好处。集合众多优点于一身的黑巧克力，是类黄酮的最佳补给，像绿茶和浆果一样富含抗氧化多酚。这些有益营养的含量取决于黑巧克力中的可可含量，所以最好选择可可脂含量 65% 以上的黑巧克力。更重要的是，它还含有维持日常新陈代谢所需的微量元素，特别是大量的铁、磷、钾和镁。

意式冰淇淋蛋筒（Gelati alle creme）

难度系数 2

可制作 2.2 磅开心果口味意式冰淇淋

总耗时：7 小时（1 小时制作 +6 小时冷藏时间）

约 2 量杯（500 毫升）牛奶

1/2 量杯 +4¾ 茶匙（120 克）白砂糖

约 8 茶匙（20 克）脱脂奶粉

约 1 汤匙（15 克）葡萄糖

0.125 盎司（约 3.5 克）乳化稳定剂

1/4 量杯 + 约 1 汤匙（75 毫升）淡奶油

约 3 盎司（90 克）开心果酱

可制作 2 磅巧克力口味意式冰淇淋

总耗时：7 小时（1 小时制作 +6 小时冷藏时间）

约 2 量杯（500 毫升）牛奶

2/3 量杯减去 3/4 茶匙（130 克）白砂糖

1/2 量杯 + 约 4 茶匙（50 克）

无糖可可粉

约 1 汤匙（15 克）葡萄糖

0.125 盎司（3.5 克）乳化稳定剂

0.3 盎司（约 10 克）黑巧克力

可制作 2.2 磅香草口味意式冰淇淋

总耗时：7 小时（1 小时制作 +6 小时冷藏时间）

约 2 量杯（500 毫升）牛奶

2 个鸡蛋蛋黄

3/4 量杯（150 克）白砂糖

2 汤匙（15 克）脱脂奶粉

约 6¾ 茶匙（20 克）葡萄糖

0.125 盎司（约 3.5 克）乳化稳定剂

10 茶匙（50 毫升）淡奶油

1 根香草荚（用刀纵向剖开）

做 法

制作开心果口味冰淇淋：将牛奶倒入奶锅，加热至 115 ℉（45℃）。同时，将白砂糖、脱脂奶粉、葡萄糖和乳化稳定剂拌匀后倒入热牛奶，待温度升到 150 ℉（65℃）时，加入淡奶油，将其加热至 185 ℉（85℃）进行高温杀菌。最后向其中加入开心果酱，搅拌，然后放入冰水快速冷却至 40 ℉（4℃）。40 ℉（4℃）恒温冷藏 6 小时，放入冰淇淋机拌至软绵蓬松，表面没有水润光泽（搅拌时间视机器功率而定，以冰淇淋状态为准）即成。

制作巧克力口味冰淇淋：将牛奶倒入奶锅，加热至 115 ℉（45℃）。同时，将白砂糖、脱脂奶粉、葡萄糖和乳化稳定剂拌匀后倒入热牛奶，加热到 149 ℉（65℃），然后在 185 ℉（85℃）下进行高温杀菌。最后向其中放入黑巧克力，搅匀，放入冰水快速冷却至 40 ℉（4℃）。40 ℉（4℃）恒温冷藏 6 小时，放入冰淇淋机搅拌，至软绵蓬松，表面没有水润光泽（时间视机器功率而定，以冰淇淋状态为准）即成。

制作香草口味冰淇淋：将牛奶倒入奶锅，放入香草荚，加热至 115 ℉（45℃）。同时，将白砂糖、脱脂奶粉、葡萄糖和乳化稳定剂拌匀后倒入热牛奶，待其温度升到 149 ℉（65℃）时，再加入淡奶油、鸡蛋蛋黄，拌匀，加热至 185 ℉（85℃）的温度进行高温杀菌。然后将它放入冰水快速冷却至 40 ℉（4℃）。40 ℉（4℃）恒温冷藏 6 小时，再放入冰淇淋机搅拌，搅拌至软绵蓬松，表面没有水润光泽（搅拌时间视机器功率而定，以冰淇淋状态为准）即成。

果味雪糕（Ghiaccioli alla frutta）

难度系数 1

4 人份

总耗时：4 小时 15 分钟（15 分钟制作 +2—4 小时冷冻时间）

柠檬口味 配料

1/2 量杯 +6½ 茶匙（150 毫升）水

约 8½ 汤匙（35 克）白砂糖

约 1¼—1½ 茶匙（4 克）葡萄糖

10 茶匙（50 毫升）柠檬汁（过滤）

柑橘口味 配料

约 8½ 汤匙（35 克）白砂糖

1¼—1½ 茶匙（约 4 克）葡萄糖

约 1/2 量杯（200 毫升）柑橘果汁（过滤）

混合莓果口味 配料

约 1/4 量杯（60 毫升）水

约 7¼ 茶匙（30 克）白砂糖

1¼—1½ 茶匙（约 4 克）葡萄糖

1 量杯 + 约 2 汤匙（140 克）什锦莓果

2—3 滴柠檬汁

做 法

制作柠檬口味雪糕：将白砂糖、葡萄糖溶于水中（无须加热），加入柠檬汁，拌匀。将果味液体倒入棒冰模具，中间插入冰棍。将其放入冰箱冷冻至定型即可。

制作柑橘口味雪糕：将白砂糖、葡萄糖溶于水中（无须加热），加入柑橘果汁，拌匀。将果味液体倒入棒冰模具，中间插入冰棍。将其放入冰箱冷冻至定型即可。

制作混合莓果口味雪糕：将混合莓果、白砂糖、葡萄糖和水混合后搅匀。向其中加入几滴柠檬汁，拌匀。将其倒入棒冰模具，中间插入冰棍。最后将其放入冰箱冷冻至定型即可。

逛街时不妨来上一支，解暑又解馋

雪糕是夏天特别受欢迎的甜品。1905 年一位年仅 11 岁的美国小男孩弗兰克·埃珀森用一些调味料加水偶然间做成了冰棍（在 1923 年为此申请了专利，并命名为"木棒上的冰"），雪糕由此诞生，它被冠以各种称呼，深受全世界人民的喜爱。第二次世界大战时期，它被传到了意大利，同样成功俘获了意大利人的胃。有意思的是在意大利的艾米利亚 - 罗马涅大区，自从 1960 年开始，说起雪糕就让人联想起"BIF"，这是一家公司名的首字母缩写，该公司由三位生产冰品的合伙人创办。

格兰尼塔咖啡冰糕（Granita al caffè）

难度系数 1

4 人份
总耗时：2—4 小时

配　料
约 1/2 量杯 +6½ 茶匙（150 毫升）意式浓缩咖啡
1 量杯 + 约 3½ 茶匙（255 毫升）水
1/2 量杯（100 克）白砂糖

做　法
　将白砂糖溶于意式浓缩热咖啡中，加水拌匀，放至冷却。
　将上述咖啡液体全部倒在碗中，放入制冰机。
　时不时地取出，用打蛋器搅拌，将开始结冰的部分搅散。
　重复该步骤，直至液体变成质地均匀的雪泥。
　从制冰机中取出，分成 4 小碗即成。

遍及西西里全岛的人气冰品

　　咖啡味的格兰尼塔冰糕，是西西里全岛民快乐享受的美食之一。在墨西拿市，传统的吃法是将咖啡冰糕盛入透明的玻璃杯里，装上半杯，顶上喷一朵奶油花，再点缀一颗巧克力糖衣包裹的意式咖啡豆。冰糕里冰碴的颗粒感和柔滑的奶油、苦涩的意式咖啡和香甜的奶油，形成了种种美妙的反差，细腻的奶香口感更是难以言语。在夏季的数月时光里，墨西拿人的传统早餐就是一杯格兰尼塔咖啡冰糕，搭配西西里布里欧修面包———种半圆形，顶着一个以同样面团制成的小球的酥皮点心。

格兰尼塔柠檬冰糕（Granita al limone）

难度系数 1

4 人份
总耗时：2—4 小时 15 分钟（15 分钟制作 +2—4 小时冰冻时间）

配　料
1 量杯 + 约 2¾ 茶匙（250 毫升）水
1/4 量杯 +2½ 茶匙（60 克）白砂糖
2¼—2½ 茶匙（约 7 克）葡萄糖
约 1/3 量杯 +4¼ 茶匙（100 毫升）柠檬汁（过滤）

做　法
　　将白砂糖溶于水，在火上煮至沸腾后，继续煮 1 分钟。
　　冷却后加入柠檬汁，拌匀待用。
　　将液体倒在碗中，放入制冰机冷藏至开始结冰。在此期间时不时地取出碗，用打蛋器搅拌，将开始结冰的部分搅散。重复该步骤 4—5 次，直至液体变成质地均匀的雪泥。
　　从制冰机中取出，分成 4 小碗即成。

格兰尼塔——从"石窖"到"木桶"

　　格兰尼塔冰糕是西西里岛当地的一道特色冷饮，通常使用水、白砂糖和新鲜柠檬汁，搅打后半冰冻而成。它的起源要追溯到阿拉伯占领西西里的那段时期。阿拉伯人冬天在埃特纳火山收集雪，保存在天然或人工搭成的"石窖"或天然凹洼处用石头搭建出的"冰箱"中，他们以此为原料发明出了一种果汁或玫瑰花露口味的冰镇饮料。直到 16 世纪，雪才被当作一种冷却原料来使用，在一个"木桶"（内置金属桶）中加入海盐来保持其低温，这种保存方式称得上是现代冰箱的鼻祖。除了柠檬，格兰尼塔冰糕还有很多传统口味，例如咖啡、杏仁、开心果、茉莉花、肉桂、桑葚和巧克力等。

黑巧克力慕斯（Mousse al cioccolato fondente）

难度系数 1

4—6 人份

总耗时：3 小时 30 分钟（30 分钟制作 +3 小时冷藏时间）

慕斯 配料

1 个重 3 盎司（约 80 克）左右的巧克力海绵蛋糕坯

约 9 盎司（250 克）黑巧克力

1 量杯 +2¾ 茶匙（250 毫升）淡奶油

1¼ 量杯（150 克）打发甜奶油

风味糖浆 配料

1/3 量杯 +1 汤匙（80 克）白砂糖

8 茶匙（40 毫升）朗姆酒或甜橙利口酒

2 汤匙（30 毫升）水

做　法

准备风味糖浆：白砂糖溶于水，煮沸。待糖液冷却后加入朗姆酒或甜橙利口酒，拌匀待用。

制作慕斯：黑巧克力块切碎，盛入碗中。

用小锅将淡奶油煮沸后倒在巧克力碎块上，用硅胶刮刀搅拌至液体顺滑无颗粒。待液体温度冷却至 85 ℉（30℃）。

同时，确保打发好的甜奶油质地松软，这在下一步中会用到。

用硅胶刮刀，动作轻柔地将打发甜奶油与巧克力奶油糊搅拌均匀。

将巧克力海绵蛋糕坯铺在金属蛋糕模具中，表面刷上风味糖浆。在风味糖浆之上再倒上慕斯，用刮刀抹平表面后放入冰箱冷藏至少 3 小时，至其完全凝固。

3 小时后从冰箱取出脱模。品尝前稍加解冻，按个人喜好装饰即可。

一种细腻绵软的诱惑

"mousse"一词在法语里有"泡沫状"或"泡沫海绵"的意思，是款特别的奶油类甜品，它可以变化制作出许多口味，例如巧克力、咖啡和水果口味。也有其他好吃的口味，比如鱼、肉或蔬菜还有芝士。一位法国厨师在 18 世纪末期发明了它，如今它成了意大利菜肴里的一道标准美食，无人不赞赏它柔滑又新鲜的口感。

柠檬慕斯（Mousse al limone）

难度系数 3

4—6 人份
总耗时：3—4 小时（1 小时制作 +2—3 小时冷藏时间）

慕斯底 配料
1 个海绵蛋糕坯（3.5 盎司 /100 克）

柠檬奶油软心 配料
1/4 量杯 +1¾ 茶匙（65 克）无盐黄油（室温软化）
1/4 量杯（50 克）白砂糖
约 3 汤匙（45 毫升）柠檬汁
1 个鸡蛋
整个柠檬的柠檬皮屑
1 片吉利丁片（冷水中浸软后滤干待用）

风味糖浆 配料
1/3 量杯 +1 汤匙（80 克）白砂糖
8 茶匙（40 毫升）柠檬甜酒
2 汤匙（30 毫升）水

慕斯 配料
约 1¾ 量杯（220 克）半打发奶油
1/2 量杯 + 约 3½ 茶匙（135 毫升）柠檬汁
1/3 量杯 +1 汤匙（95 克）鸡蛋蛋白
2/3 量杯 +1½ 茶匙（140 克）白砂糖
5 茶匙（25 毫升）水
5 片吉利丁片（冷水中浸软后滤干待用）

做 法

制作柠檬奶油软心：柠檬果汁、柠檬皮屑、白砂糖和鸡蛋倒入小锅，加热煮沸。向煮沸的液体中加入吉利丁片，搅匀并加入无盐黄油，搅匀，然后盛入一个或多个模具（尺寸小于慕斯主体的模具），入冰箱冷冻。

准备风味糖浆：白砂糖溶于水，煮沸。待糖液冷却后加入柠檬甜酒，拌匀待用。

制作慕斯部分：取 1/2 量杯 +4¾ 茶匙（120 克）的白砂糖溶于水，倒入小锅，最好是铜锅，加热后待用。在鸡蛋蛋白中加入剩余的白砂糖，约 4¾ 茶匙（20 克），打发。当糖水加热到 250 ℉（121℃）时，将糖水缓慢少量地加入打发好的蛋白糊中，加入泡好的吉利丁片，搅拌至完全冷却。

向蛋白糊中加入柠檬汁，最后，轻轻拌入搭配的半打发奶油。

将上述慕斯糊盛入模具中（同样可以是一个或多个），半满时，顶部放上刚冻好的柠檬奶油块，然后倒完剩余的慕斯。海绵蛋糕坯用风味糖浆浸润后，盖在慕斯顶部。将半成品放入冰箱冷藏数小时，然后取出脱模。品尝前稍加解冻即可。

清新甜美的淡黄色利口酒

柠檬甜酒入口清爽甘甜，是将柠檬皮浸泡于高度数烈酒中，并添加水和糖浆制作而成。既可以作为餐前酒开胃，又可以当成餐后酒助消化。据记载，它诞生于 20 世纪初期，意大利南部坎佩尼亚区的阿玛菲海岸盛产优质柠檬，当地人常用阿玛菲或苏莲托柠檬来酿酒。

酸奶慕斯（Mousse allo yogurt）

难度系数 2

4—6 人份

总耗时：3—4 小时（1 小时制作 +2—3 小时冷藏时间）

慕斯底 配料

1 个海绵蛋糕坯（3.5 盎司 /100 克）

草莓果冻夹心 配料

1¼ 量杯（250 克）新鲜草莓

1/2 量杯 +2 茶匙（125 克）白砂糖

2 片吉利丁片（冷水中浸软后滤干待用）

几滴柠檬汁

风味糖浆 配料

1/3 量杯 +1 汤匙（80 克）白砂糖

8 茶匙（40 毫升）黑樱桃利口酒

2 汤匙（30 毫升）水

慕斯 配料

1 量杯 +2¾ 茶匙（250 毫升）

约 2 量杯（250 克）半打发奶油

1/2 量杯（100 克）白砂糖

4 片吉利丁片（冷水中浸软后滤干待用）

做 法

先准备草莓果冻夹心：将草莓、白砂糖和柠檬汁搅打均匀。

取一点草莓糊煮沸，放入泡软的吉利丁片，搅拌至吉利丁片完全融化。再向其中倒入剩余的草莓糊，拌匀。将草莓糊盛入一个或多个模具（尺寸小于慕斯主体用的模具），放入冰箱冷冻。

准备风味糖浆：白砂糖溶于水，煮沸。待糖液冷却后加入黑樱桃利口酒，拌匀待用。

制作慕斯部分：取 3—4 茶匙（50 克）全脂酸奶，加入白砂糖，倒入小锅煮沸。放入泡好的吉利丁片，倒入剩余酸奶，充分搅拌，开始有点凝固时加入半打发奶油。

将做好的慕斯盛入模具中（同样可以是一个或多个），待半满时，顶部放上刚冻好的草莓果冻，然后倒完剩余的慕斯。海绵蛋糕坯用风味糖浆浸润后，盖在慕斯顶部。

将半成品放入冰箱冷藏数小时，然后取出脱模。

品尝前稍加解冻即可。

口感轻盈的酸奶

酸奶是日常奶制品（其原料不仅只限于牛奶，羊奶和豆奶也能用），它有奶油般的丰盈质地和微酸的口感，从语言学角度来看，"yogurt"一词词源来自于土耳其单词"yŏurtmak"，意为"混合"。混入的乳酸菌引起了发酵，在发酵过程中，乳糖被转化成了乳酸。它奶香绵柔，可以单独享用，也可以加上蜂蜜增添甜味，或是加上新鲜水果丰富口感，当然用于甜品制作也很不错。

里科塔奶酪慕斯（Mousse di ricotta）

难度系数 2

4 人份
总耗时：4 小时（1 小时制作 +3 小时冷藏时间）

配　料
1 量杯（250 克）里科塔奶酪（滤干）
约 1¼ 量杯（150 克）半打发奶油
1/2 量杯 + 约 1¼ 茶匙（125 毫升）牛奶
1/3 量杯 +2 茶匙（75 克）白砂糖
2 个鸡蛋蛋黄
1.5 片吉利丁片（冷水中浸软后滤干待用）
2.5 盎司（约 70 克）黑巧克力（融化后放凉待用）
适量糖渍酸樱桃

做　法
　　锅内倒入鸡蛋蛋黄和白砂糖，打匀，加入牛奶，煮至液体变稠。

　　向蛋奶糊中放入泡软的吉利丁片，使之充分融化待用。取 3/4 的蛋奶糊放在一旁（稍候用于制作白色慕斯），在剩余 1/4 蛋奶糊中加入放凉的黑巧克力。里科塔奶酪滤水后切 1/4 放入巧克力奶酱，拌匀后再加入 1/4 的半打发奶油。

　　将奶酪混合物倒入小模具中（模具尺寸要小于慕斯主体所用的模具尺寸），每个都放入 1 个酸樱桃。冷冻待用。

　　最后把之前留好的 3/4 蛋奶糊、半打发奶油混合均匀后，倒入单独模具中，每个中间都放入一块刚冻好的巧克力奶酪裹樱桃。将半成品完全冷冻后脱模。

　　品尝前稍加解冻。按个人喜好装饰即可。

香甜可口的欧洲酸樱桃

　　在意式甜品的世界中，许多耳熟能详的食谱都用到了糖渍酸樱桃，从父亲节时所吃的圣约瑟炸面圈，到里科塔奶酪、香甜的里科塔奶酪芝士蛋糕、葡萄干蛋糕和香草布丁。糖渍加工过后的酸樱桃比鲜果更加甜美，糖渍所用的糖浆是由酸樱桃果汁和糖混合而成，是无人不爱的大众美味。浓郁的香味让所有甜品的口感都更为丰富。

意式奶油布丁（Panna cotta）

难度系数 1

4 人份

总耗时：3 小时 20 分钟（20 分钟制作 +3 小时冷藏时间）

经典原味 配料

1/2 量杯 + 约 1¼ 茶匙（125 毫升）牛奶

1/2 量杯 + 约 1¼ 茶匙（125 毫升）淡奶油

约 9½ 茶匙（40 克）白砂糖

1 片吉利丁片（冷水中浸软后滤干待用）

焦糖糖浆 配料

1/4 量杯（50 克）白砂糖

4 茶匙（20 毫升）水

混合莓果口味 配料

约 1 量杯（125 克）新鲜莓果

1/2 量杯 + 约 1⅛ 茶匙（125 毫升）淡奶油

约 9½ 茶匙（40 克）白砂糖

1 片吉利丁片（冷水中浸软后滤干待用）

做　法

　　准备焦糖糖浆：将白砂糖和水倒入小锅中，糖液熬至焦糖色后倒入模具待用。

　　制作经典原味布丁：将牛奶、淡奶油和白砂糖倒入锅内，煮沸。向锅内放入泡软的吉利丁片，使之完全融化，搅拌均匀（注意锅内液体不要结块）。将经典原味布丁糊倒入铺有焦糖糖浆底的模具中。放入冰箱冷藏数小时。

　　制作混合莓果口味：将淡奶油和白砂糖倒入锅内，煮沸。把泡软的吉利丁片放入锅内，不停搅拌至其完全融化。最后向其中加入草莓、蓝莓等新鲜莓果，拌匀（注意液体不要结块）。然后将混合莓果口味布丁糊倒入模具。放入冰箱冷藏数小时。

　　两种口味布丁冷藏后脱模后即可享用。

奶香美味

　　奶油布丁是一道奶香十足的甜品，它诞生于意大利西北部的皮埃蒙特大区。奶油布丁不论是经典原味还是花样百出的改良口味，都深受人们的喜爱。如今，它是意大利人最常吃的点心之一。它制作起来更偏好于添加巧克力、水果果酱、草莓、生梨或混合莓果，以增添其风味。

意式冷霜雪糕（Semifreddo all'italiana）

难度系数 3

6—8 人份

总耗时：3 小时 37 分钟（1 小时 30 分钟制作 +6—7 分钟烧煮 +2 小时冷冻时间）

榛子酱 配料

约 2 量杯（250 克）打发甜奶油

约 6.3 盎司（约 180 克）卡仕达酱

约 3 盎司（80 克）意式蛋白糖霜

约 1.5 盎司（40 克）纯榛子酱

咖啡酱 配料

约 3 量杯（375 克）打发甜奶油

约 10 盎司（280 克）卡仕达酱

约 4.5 盎司（125 克）意式蛋白糖霜

8 茶匙（8 克）速溶咖啡

适量水

意式蛋白糖霜 配料

1 量杯减去 5 茶匙（180 克）细砂糖

约 3 汤匙（45 毫升）水

3 个鸡蛋蛋白

7 盎司（约 200 克）蛋糕卷（等分成 2 片）

风味糖浆 配料

1/3 量杯 +1 汤匙（80 克）白砂糖

8 茶匙（40 毫升）朗姆酒或杏仁利口酒

2 汤匙（30 毫升）水

做 法

准备意式蛋白糖霜：称出 3/4 量杯 + 约 2½ 茶匙（160 克）的细砂糖加入水，用小锅，（最好是铜锅）加热。鸡蛋蛋白加入剩余的细砂糖，约 4¾ 茶匙（20 克），打发待用。当糖水加热到 250 ℉（121℃）时，缓慢少量地加入打发好的蛋白糊中，搅拌至冷却待用。

制作榛子酱：将卡仕达酱和纯榛子酱混合拌匀，轻轻拌入意式蛋白糖霜。最后加入打发甜奶油，拌匀。

制作咖啡酱：速溶咖啡粉中加入少量开水，融化。向其中加入卡仕达酱，轻轻拌入意式蛋白糖霜。最后加入打发甜奶油，拌匀。

取一片蛋糕坯铺于直径约 8 英寸（20 厘米）的金属蛋糕模具中（饼底和围边可分离），蛋糕表面刷上风味糖浆，然后抹上咖啡酱，再盖上另一片蛋糕坯，涂上风味糖浆，再抹上榛子酱。用蛋糕抹刀刮平酱面后，放入冰箱冷冻数小时。冻好后取出脱模，按个人喜好装饰即可。

似冻非冻，似冰非冰

意式冷霜雪糕（意大利语称为"semifreddo"，意思是"半冰冻"）和大名鼎鼎的意式冰淇淋"gelato"有什么不同之处呢？意式冰淇淋以鸡蛋和牛奶混合而成的奶黄酱为底料，而冰淇淋蛋糕则是用打发甜奶油和其他配料——如卡仕达酱、巧克力或水果混合而成，而且通常都会加入意式蛋白糖霜。口感上，冰淇淋蛋糕比冰淇淋更硬，一口下去便能体会到令人倍感愉快的冰凉舒爽。

水果雪芭（Sorbetti alla frutta）

难度系数 1

可制作 1 夸脱（1 升）柠檬口味雪芭
总耗时：6 小时 30 分钟（30 分钟制作 +6 小时冷冻时间）

配　料

1¾ 量杯 +5¼ 茶匙（440 毫升）水

3/4 量杯 + 约 2½ 茶匙（190 毫升）柠檬汁

3/4 量杯 + 约 9½ 茶匙（190 克）白砂糖

约 1.3 盎司（约 38 克）葡萄糖浆粉

约 4¼（13 克）葡萄糖

约 0.25 盎司（约 7.5 克）乳化稳定剂

1 量杯 +2 汤匙（225 克）白砂糖

约 1.25 盎司（34 克）葡萄糖浆粉

1¼—1½ 茶匙（约 4 克）葡萄糖

0.0625—0.125 盎司（约 2.5 克）乳化稳定剂

可制作 1 夸脱（1 升）草莓口味雪芭
总耗时：6 小时 20 分钟（20 分钟制作 +6 小时冷冻时间）

可制作 1 夸脱（1 升）柑橘口味雪芭
总耗时：6 小时 30 分钟（30 分钟制作 +6 小时冷冻时间）

约 2 量杯（300 克）新鲜草莓

1¼ 量杯（300 毫升）水（煮沸）

1 量杯（200 克）白砂糖

3/4 量杯 +3½ 茶匙（195 毫升）水

1½ 量杯（375 毫升）柑橘果汁

1 汤匙（15 毫升）柠檬汁

约 5 茶匙（15 克）葡萄糖

1/4 个柠檬（榨汁）

约 0.125 盎司（4 克）乳化稳定剂

做　法

　　准备柠檬和柑橘口味雪芭：将白砂糖、葡萄糖浆粉、葡萄糖和乳化稳定剂混合拌匀。向其中缓慢少量地倒入沸水，用橡皮刮刀搅拌均匀，加热至 150 ℉（65℃）。冷却后，以 40 ℉（4℃）的温度冷藏 6 小时，再加入柠檬（或柑橘）果汁。将混合液倒入冰淇淋机，搅拌时间视机器功率而定。

　　制作草莓口味雪芭：将白砂糖、葡萄糖和乳化稳定剂混合拌匀。草莓加水搅打，缓慢少量加入糖粉混合物中，再加入柠檬汁。

　　以 40 ℉（4℃）的温度冷藏 6 小时。将混合液倒入冰淇淋机制做成雪芭即可。

意式冰淇淋之父

　　用勺子挖着吃的冷饮——雪芭，是意式冰淇淋的前身，选用水、水果、糖和利口酒等原料制作而成，完全不同于格兰尼塔冰糕。雪芭是古罗马人见人爱的消暑解渴佳品。显然这归功于罗马皇帝尼禄，是他将雪芭带到了亚平宁山脉以便随时享用到美味、新鲜的水果雪芭。

意式松露冰淇淋（Tartufo gelato）

难度系数 1

4—6 人份

总耗时：1 小时 40 分钟（40 分钟制作 +1 小时冷冻时间）

配　料

约 11 盎司（315 克）巧克力口味意式冰淇淋用奶黄酱底料

约 11 盎司（315 克）香草口味意式冰淇淋用奶黄酱底料

2.3 盎司（约 65 克）榛果子酱

5.3 盎司（约 150 克）意式巧克力冰淇淋

1 盎司（约 30 克）榛子仁（切碎）

无糖可可粉

做　法

将巧克力、香草口味的冰淇淋用奶黄酱底料和榛子酱分别混合后，放入冰箱冷冻一下。冻好后取出，用冰淇淋机搅拌至其干燥蓬松（不是水润光泽），搅拌时间视机器功率而定，以冰淇淋状态为准。

将冰淇淋盛入球模中定型（模具可事先冷藏待用）。

在冰淇淋中撒上榛果碎果仁，为每个冰淇淋装入意式巧克力冰淇淋的"球心"。

用刮刀抹平"松露"表面，放入冰箱冷冻至少 1 小时。

冷藏后取出，模具用冷水浸泡后即可取出冰淇淋球。表面滚上无糖可可粉即可。

皮佐卡拉布罗镇上冰糕店里引以为傲的招牌

松露冰淇淋起源于 20 世纪 70 年代的皮佐卡拉布——卡拉布里亚区内的一座小镇，如今早已风靡整个意大利，几乎在所有的餐厅里都能品尝到。人们常常浇上鲜奶油或柑曼怡这样的利口酒，或搭配咖啡、威士忌等一起享用。半球形状里包着的意式冰淇淋可以根据甜品师的手艺做出各种口味，不过最经典的还是本食谱介绍的做法——以榛子冰淇淋为底包裹巧克力冰淇淋内心，外层粘以无糖可可粉。

提拉米苏（Tiramisù）

难度系数 2

4 人份
总耗时：2 小时 30 分钟（30 分钟制作 +2 小时冷藏时间）

主体 配料

4 个消过毒的鸡蛋蛋黄

4 个消过毒的鸡蛋蛋白

1/2 量杯 +2 汤匙（125 克）细砂糖

约 9 盎司（250 克）马斯卡彭奶酪

3/4 量杯 + 约 4¼ 茶匙（200 毫升）加糖意式浓缩咖啡

8 块手指饼干

5 茶匙（25 毫升）白兰地酒（可选）

装饰 配料

无糖可可粉（表面撒粉）

做 法

在碗中，倒入鸡蛋蛋黄和大部分细砂糖，隔水加热，打发。

在另一个碗中，倒入鸡蛋蛋白和剩余的细砂糖，打发。

蛋黄糊中加入马斯卡彭奶酪，拌匀。取一部分蛋白糊加入奶酪蛋黄糊中，拌匀稀释蛋黄糊后，再全部倒入蛋白糊。这样搅拌过程中，蛋糊不易消泡。

将混合糊装在一个蛋糕模具或四个小模具中（要摆些时髦造型的话，直接放在四个平底点心盘上亦可）。用加糖意式浓缩咖啡（喜欢的话，也可以加点白兰地）浸泡手指饼干。将浸泡后的饼干和马斯卡彭奶酪酱叠加摆放。

将半成品放入冰箱冷藏数小时，取出品尝前撒些无糖可可粉即可。

美味的马斯卡彭奶酪

马斯卡彭奶酪是这款举世闻名的乳制品甜点中不可或缺的基本配料之一。提拉米苏诞生于 20 世纪 60 年代，在意大利威尼斯附近小镇特莱维索市一家名叫 "Alle Beccherie" 的餐厅里，由甜品师罗伯特（译注：Roberto Linguanotto，又名 LOLY）创制。这种新鲜奶酪是用轻质奶油通过添加乙酸或柠檬酸，高温（高达 194—203 ℉ /90—95℃）持续加热 5—10 分钟，发酵凝结而成。它是伦巴第地区的传统美食，当地方言称它为 "mascherpa"。该奶酪质感柔软，风味浓郁，颜色从白色到浅黄色各有不同，独特的顺滑口感为许多甜品锦上添花。

意式冰淇淋蛋糕（Torta gelato Italia）

难度系数 1

4—6 人份
总耗时：4 小时 18 分钟（1 小时制作 +18 分钟烹饪 +3 小时冷冻时间）

配　料
约 10.5 盎司（300 克）草莓雪芭
约 10.5 盎司（300 克）原味意式冰淇淋
约 10.5 盎司（300 克）开心果味意式冰淇淋

可制作 2.2 磅原味意式冰淇淋
约 2 量杯（500 毫升）牛奶
1/2 量杯 +4¾ 茶匙（120 克）白砂糖
约 1/2 量杯（100 毫升）淡奶油
约 8 茶匙（20 克）脱脂奶粉

约 5 茶匙（15 克）葡萄糖
0.125 盎司（约 3.5 克）乳化稳定剂

杏仁开心果饼干"脆底"配料
1/3 量杯 +4 茶匙（50 克）糖粉
约 2/3 量杯（50 克）巴旦木生果仁（未去皮）
2 个鸡蛋蛋白
约 4¾ 茶匙（20 克）粗砂糖
约 2 汤匙（15 克）巴旦木、开心果仁（均切碎）

做　法

准备杏仁开心果饼干"脆底"：鸡蛋蛋白加粗砂糖，打发待用。将糖粉、巴旦木生果仁放入食物搅拌机内打碎，慢慢加入打发好的蛋白糊中。

用裱花袋将杏仁蛋白糊挤在铺好烘焙油纸的烤盘上，撒上杏仁和开心果的碎粒，入烤箱，以 350 ℉（180℃）的温度烤 18 分钟左右待用。

制作原味意式冰淇淋。先将牛奶倒入小奶锅，加热至 115 ℉（45℃）。在另一容器中，将白砂糖、脱脂奶粉、葡萄糖、乳化稳定剂拌匀后，缓慢少量地倒入热牛奶中。

当液体温度升至 150 ℉（65℃）时，加入淡奶油，达到 185 ℉（85℃）时进行巴氏灭菌法消毒。将其煮好后倒入合适容器内，放入冰水快速降温至 40 ℉（4℃）。

以 40 ℉（4℃）恒温保存 6 小时，放入冰淇淋机中搅拌至干燥软滑，而不是水润光泽（搅拌时间视机器功率而定）。

这里需要用到三个同心半圆球组合模具。最大半圆直径在 7 英寸（18 厘米）左右。

最小的半圆球模具里装上草莓雪芭，表面用刮刀抹平后放入冰箱至少冷冻 1 小时。取出后泡入冷水，脱模。草莓雪芭一取出就立刻装盆放回冰箱。中型模具（需事先放冰箱冷冻）中倒入原味冰淇淋，正中间位置放入冷冻好取出模具的草莓雪芭做圆心，表面同样用刮刀抹平后放入冰箱冷冻至少 1 小时，冻好后脱模放回冰箱。最后用最大尺寸的半圆模，盛入开心果味冰淇淋，圆心位置放上做好的原味裹草莓味半球。底面均匀盖上杏仁开心果饼干脆底。将整个冰淇淋放入冰箱冷冻至少 1 小时。

冰淇淋冻好后脱模，按个人喜好点缀即可。

马尔萨拉酒香萨芭雍热酱配手指饼干（Zabaglione caldo al Marsala con savoiardi）

难度系数 2

4 人份
总耗时：10—15 分钟（5 分钟制作 +5—10 分钟烹饪时间）

配 料
约 1 量杯（240 毫升）马尔萨拉葡萄酒
4 个鸡蛋蛋黄
1/3 量杯 +1 汤匙（80 克）白砂糖
8 块手指饼干

做 法
将鸡蛋黄加白砂糖、莫斯卡托葡萄酒倒入锅内（最好是铜锅），打发。
用小火（或隔水）加热上述混合物，不停搅拌，至其沸腾 1—2 分钟。
离火后，将蛋黄酱倒入餐碟中，搭配手指饼干，趁热享用即可。

西西里的传统工艺遇到英国的商业头脑

这个故事发生在西西里海岸上的一个暴风雨之夜——那是在 1773 年，一位来自利物浦、名叫约翰·伍德豪斯的批发商，为避一避这出人意料的滔天海浪，其一行人不得不将船停靠在马尔萨拉的港口。多亏这么一耽误，伍德豪斯和他的船员们上了岸，得以品尝到用传统的永久陈酿方式（译注："in perpetuum"，是指每一年用少量的新酒取代一部分陈酒）——用橡木酒桶酿制而成的当地美酒。这酒口感近似于西班牙和葡萄牙的葡萄酒，像是英国贵族名流的高雅沙龙里很受欢迎的波特或雪梨。伍德豪斯不假思索地买下了 50 桶佳酿，在葡萄酒里加了点白兰地（为了保证在长途海运过程中完整保留其品质），运往英国。这款酒在当时立刻受到了英国人的喜爱。如此巨大的成功使这位英国人决定从做批发转行做贸易公司，回到马尔萨拉计划做葡萄酒的批量生产和全世界范围内的市场推广，牢牢把握住了商机并取得了成功。

莫斯卡托甜白奶香冰糕（Zabaglione freddo al Moscato d'Asti）

难度系数 2

4—6 人份

总耗时：3 小时 45 分钟（45 分钟制作 +3 小时冷冻时间）

萨芭雍蛋奶酱 配料

4 个鸡蛋蛋黄

约 7¼ 茶匙（30 克）白砂糖

3/4 量杯 + 约 4¼ 茶匙（200 毫升）莫斯卡托葡萄酒

约 1¾ 量杯（200 克）半打发奶油

约 0.125 盎司（4 克）吉利丁片（冷水中浸软后

滤干待用）

3 盎司（85 克）巧克力甘纳许

装饰 配料

1 量杯（120 克）打发甜奶油

1.75 盎司（约 50 克）巧克力海绵蛋糕

莫斯卡托葡萄酒（涂抹蛋糕用）

做 法

选择一个直径小于蛋糕主体用的模具，倒入巧克力甘纳许，放入冰箱冷冻。

制作萨芭雍蛋奶酱：将鸡蛋加白砂糖、莫斯卡托葡萄酒倒入锅内（最好是铜锅），打发。

用小火（或隔水）加热打发蛋糊，不停搅拌至锅内液体开始沸腾，继续煮 1—2 分钟。向其中加入泡软的吉利丁片，搅拌至其完全融化，离火放凉，待液体开始凝固时，拌入半打发奶油。

将萨芭雍蛋奶酱倒入蛋糕主体用模具中，倒至半满。放上冷藏定型好的巧克力甘纳许，然后倒入剩余的萨芭雍蛋奶酱，覆盖住巧克力甘纳许。

最后在其顶部铺上薄薄一片巧克力海绵蛋糕，表面可以抹些莫斯卡托葡萄酒。

放入冰箱冷冻数小时，成型后脱模。

食用前解冻，挤上些打发甜奶油装饰即可。

口感轻柔的葡萄酒

莫斯卡托葡萄酒产于阿斯蒂省亚历山德里亚和库尼奥地区，这是一款低酒精度数的白葡萄酒。其酒色呈麦芽金黄，入口甘甜，香味馥郁而轻盈，充满了古老的莫斯卡托比安科葡萄的独特香气。这些与众不同的特点让它成为极佳的甜品配酒。最近，搭配咸奶酪、意大利腊肠和辣鱼的吃法颇为流行，和谐的反差口感受到当地人们的欢迎。

英式甜糕（Zuppa Inglese）

难度系数 1

4—6 人份
总耗时：1 小时 30 分钟（30 分钟制作 +1 小时静置时间）

风味糖浆 配料
1/3 量杯 +1 汤匙（80 克）白砂糖
8 茶匙（40 毫升）阿尔克姆酒
2 汤匙（30 毫升）水

主体 配料
1 个正方形海绵蛋糕（重约 12.5 盎司 /350 克）

7 盎司（约 200 克）卡仕达酱
7 盎司（约 200 克）巧克力口味卡仕达酱

意式蛋白饼
1/3 量杯 +1 汤匙（125 克）细砂糖
2 汤匙（30 毫升）水
2 个鸡蛋蛋白

做 法

制作风味糖浆：白砂糖溶于水，加热煮沸，冷却后倒入阿尔克姆酒，拌匀。

将海绵蛋糕坯等分成三片。取一层做底，涂上风味糖浆浸润表面，再用裱花袋装上卡仕达酱挤在其上。盖上第二层蛋糕坯，同样涂上风味糖浆，再挤上巧克力口味卡仕达酱。最后盖上最后一层蛋糕坯（可按自己喜好，搭配巧克力海绵蛋糕坯，叠加一层或更多层）

将蛋糕半成品放入冰箱冷藏至少 1 小时。

制作意式蛋白饼：将 1/2 量杯 +2 茶匙（110 克）的细砂糖倒入水中，用小锅加热（锅最好选铜质的）。鸡蛋蛋白加上剩余约 3½ 茶匙（20 克）的细砂糖，打发。当糖水温度加热至 250 °F（121℃）时，缓慢少量地拌入蛋白糊中，搅拌至冷却。

将意式蛋白饼酱装入裱花袋，从冰箱取出蛋糕，在蛋糕表面挤上蛋白饼，用厨房火枪焰烤一下即可。

来自艾米利亚的快乐

英式甜糕是一道精致的传统意式甜品。早在 16 世纪，它就已成为宴席甜品之一，费拉拉公国的统治者阿方索三世·德·艾斯特公爵在艾米利亚 - 罗马涅大区受到了盛情款待。正如其名，它很可能源自于一道英国甜品——"trifle"（查佛）——透着雪莉酒香的海绵蛋糕夹着卡仕达酱。经过历史变迁，如今的英式蛋糕演绎出无数做法。海绵蛋糕或手指饼干都可以用来做底；利口酒选择之多，可以是玫瑰露酒也可以是马沙拉白葡萄酒；杏子酱或糖渍什锦水果也能代替卡仕达酱。

术语表

巴氏高温消毒灭菌： 一种工序。在一定时间内通过加热处理，可将乳脂类液体（如牛奶、奶油或其他类似食物）中大部分病原体杀灭。

拌匀： 用蛋抽、硅胶刮刀或直接用双手将混合物搅拌顺滑，质地均匀。

薄面皮： 一种擀得特别薄的面皮，常用于希腊和阿拉伯的特色烹饪中。

裱花袋： 厨房工具。搭配裱花嘴，用于挤面糊，装饰食物。

裱花嘴： 一般为金属或塑料材质，有各种形状，搭配裱花袋使用。

冰淇淋机： 用于制作意式冰淇淋和雪芭的机器。

彩色糖粒： 色彩缤纷的装饰糖果。

厨房用温度计： 厨房工具之一。在熬煮糖液时可以随时观测液体温度。

打发： 用电动打蛋器或蛋抽快速搅动液体或半稠的混合物，使其体积增大，质地绵密，内部充满空气。打发鸡蛋蛋白至蛋白抽出尖角是指打发至蛋白糊松软，颜色近似雪白。

打湿： 向准备好的配料表面喷水，防止其表面干燥。

蛋白霜顶： 在甜品表面点缀上蛋白糖霜。

蛋糕卷： 一款柔软易变形的基础蛋糕，适合制作蛋糕卷或用风味糖浆浸润后作为蛋糕坯夹于甜品中。

点缀： 在甜品顶部放上核桃、杏仁、开心果等碎果仁。

炖煮： 液体小火加热，未达到煮沸状态。

发酵： 通过酶的分解作用，改变食物结构的一种化学反应。

翻糖糖衣： 蔗糖加水、葡萄糖浆，加热至 244.4 ℉（118℃）后，倒于操作台（一般是大理石台面），用刮铲搅拌冷却后制作而成的白色糖膏。

放凉： 即冷却过程，在此期间液体浓度会随之增加。

感官特征： 通过五官感受得到的食物的物理和化学特征。

擀开： 将面团擀平成厚度均匀的薄面皮。

擀面杖： 厨房工具之一，可均匀擀开面团。

干燥： 放入烤箱低温烘烤，以挥发食物内的水分。

硅胶刮刀： 厨房用具，用于搅拌。

果胶： 存在于水果之中的天然果胶类物质，用于制作果酱等其他产品。

果泥： 蔬菜、水果或其他食物制成的一种酱或质地浓稠的液体，通常用搅拌机制作而成。

裹粉： 在食物表面裹上面粉。

裹糖衣： 将奶油泡芙、水果干或新鲜水果浸于焦糖糖液中。

海绵蛋糕： 常被当作"基础配料"，搭配卡仕达酱夹馅，用于各种甜品制作。

海绵酵头： 少量面粉与干酵母、水混合，适度发酵后加入面团以增加发酵效果。

烘焙纸杯： 纸质容器，各种形状和质地。可用于烘烤或甜品装饰。

烘烤： 将干货（如坚果、种子等）加热烤至表面金黄，烘干后风味更佳。

混合： 将许多不同配料混在一起，使其质地均匀。

混合物： 质地均匀的配料混合物。

混入： 在混合物中添加入其他配料，使两者混合均匀混合至粗粒；将混合物搅打至颗粒状。

混匀： 将几种不同的原料混合至质地均匀。

吉利丁片（鱼胶片）： 透明片状增稠剂。常用于制作慕斯、巴伐利亚奶酪和其他类似甜品。

焦糖： 饴糖、蔗糖受热融化后变成深褐色黏稠液体，通常它的加热温度需达到 293 ℉（145℃）。

搅拌器： 厨房家电。一般配备有 3 种搅拌头——打蛋头，适用于打发淡奶油、蛋黄色拉酱、蛋黄糊和蛋白霜；平板桨用于质地较硬的混合物；面团钩适合和面。搅拌头旋转过程中可以将配料混合均匀。

浸泡： 在液体中放入香料、草本植物或其他配料，以增加液体香味或析出原料精华。

浸泡搅拌机：又称为电动搅拌棒。

浸润：用液体湿润烘焙物表面（如海绵蛋糕坯），以达到软化作用。

浸湿：将干燥的物体放入液体中软化。

精油：油性物质溶解于酒精，以保留住挥发性芳香物质，这里的油性物质通常为花草植物提取出的油。

静置：目的是使混合物中的空气排出，例如将意式冰淇淋混合物放置于 39.2 ℉（4℃）冷藏环境下 4—6 小时可以使其变得更为浓稠，因为在冰淇淋机制作过程中会混入很多空气。

镜面：在甜品表面涂上薄薄一层果酱、卡仕达酱或果胶。

卡仕达酱：一款基础蛋奶酱。它可用于装饰蛋糕和奶油甜品，同样可以调出各种口味的复合奶油酱，其种类繁多。

烤色金黄：直接将甜品烤至表面金黄，或入烤箱前在表面刷上蛋液或牛奶再烤，烤至表面金黄。

冷藏：放在 32—41 ℉（0—5℃）低温处恒温保存。

冷冻：将蛋奶酱和糖浆放入冰淇淋机中冷冻，可用于制作意式冰淇淋。

亮粉：在甜品表面刷上闪粉。

马尼托巴面粉：一种特殊的高筋面粉。其名字的由来是因为产地位于加拿大的马尼托巴省。

毛刷：毛刷的刷头蘸取液体后可均匀涂抹于食物表面进行装饰，也可以用于清扫表面多余的面粉。

抹面：为甜品表面抹上翻糖糖衣、巧克力、果酱等。

抹油：在烘焙模具内壁、烤盘或托盘上涂上薄薄一层食用油或黄油。

奶油顶：在甜品顶部挤上卡仕达酱或打发奶油。

奶油泡芙酥皮：一款基础起酥皮，适合用于制作经典奶油泡芙。

奶油糖霜：一款基础奶油馅，经常用作蛋糕、奶油甜品的夹心或表面装饰。可以做成巧克力、巧克力榛果、榛果或其他口味的糖霜。

浓缩：熬煮液体，蒸发掉一部分水分，使其风味更为醇厚。

帕内托：Panetto，是指黄油和面粉混合物的意大利语别称，用于制作千层酥皮。

泡打粉：一种复合膨松剂，用于快速发酵。受热时会释放出大量"气体"，使面团膨胀松软。气体一般为二氧化碳。

啤酒干酵母：酿酒酵母的一种，分解糖类发酵，产生二氧化碳帮助面团发酵。

平铺：在模具内部或烤盘里平放上饼坯或烘焙油纸。

葡萄糖：粉末形态的一种单糖，一般提取于玉米或马铃薯淀粉，甜度低于蔗糖，具有抗凝固的优点。

葡萄糖浆：将葡萄糖溶于水持续煮沸一段时间后的产物。

千层酥皮：一款基础酥皮，用面粉、水、盐和黄油制作而成。甜品和菜肴烹饪皆可使用。

巧克力甘纳许：将淡奶油和融化的巧克力拌匀后制成的一种巧克力酱。

切刀：厨房工具，用于分割、混合、抹平面团等。

切模：被制作成各种形状和尺寸，用于花型切割。

切丝：改刀成条。

取一勺抹面：为甜品或水果表面涂抹上果胶、果酱、糖衣或糖浆等，以增添其亮度和光泽感。

融化：低温加热配料，使其从固体变为液体。

融化黄油：用微波炉或隔水加热的方式将黄油融化成液体，颜色不变。

糅合：将两种及以上配料拌在一起，搅拌至需要的混合物状态。

乳化：用力搅打而成的水油混合物。

乳化稳定剂：保持混合物组织结构稳定性的食品添加剂。

软化：将意式冰淇淋或雪芭基本配料放入冰淇淋机中搅拌成绵软口感的冰淇淋。

软化黄油：从冰箱中取出冷藏保存的黄油，使用前在室温下至少放上半小时。

撒粉：在物体表面撒上可可粉、糖粉等粉末。

上浆：在食物表面拍上面粉，均匀沾上蛋液，裹上面包糠。

上色：将甜品或菜肴表面加热至金黄。

上糖浆：将食物放入蔗糖熬成的浓浆中。

圣诞节蛋糕粉：意大利市场上出售的一种特殊面粉，用于烘焙潘妮朵尼圣诞节蛋糕。

食品加工机：一种厨房电器。向加工机中加入食物后，可对食物进行打碎、混合和研磨等工作。

手动打蛋器（蛋抽）：烘焙用具。用以搅拌或打发液体，增稠或打发奶油。

蔬果擦丝器：厨房小工具。用于将水果、蔬菜或其他食物切割成粗细均匀的细条。

水浴法（隔水加热）：一种加热方式。在锅内加上水，把要加热的物体放入小于这个锅的容器中，然后把容器放入锅内，通过热传导达到加热目的。

酥塔皮：一款基础酥皮，将面粉和其他配料揉成面团。和好的面团质地紧实。其用法不同，做法各异。

糖渍：将水果浸没于糖浆中，使果肉充分吸收糖液，最后做成糖渍水果。

填馅：将卡仕达酱或果酱等馅料塞入甜品中。

调和：1. 通过加入一种特殊原料的方法达到稀释的目的，降低浓度；2. 一种工序。使巧克力里所含的成分微晶化，产生大量晶体，以赋予巧克力足够的光泽感，断裂时有很好的"脆感"并容易脱模。

调味：在食品中添加芳香植物或香料，以增加菜肴香味，丰富其口感。

脱模：将烤制好已冷却的甜品取出模具。

挖勺：厨房小工具之一，用于挖取或雕刻水果、蔬菜。

醒发：酵母的发酵过程。

研磨：将坚果或其他配料磨成粉末状。

焰烤：将酒精淋于食物表面，点火燃起火焰，使食物烤出金色表皮。这种易挥发的酒精常用利口酒或红酒来充当。

氧化：物体表面或混合物中所含元素接触到氧元素后发生的一种化学反应。这就是水果、蔬菜在榨汁、切块后，当果肉暴露于空气中会变色的原因。

油炸：将食物放入加热的油锅中炸至表面金黄。

造型：制作出形状和立体感。

增稠：在酱料或奶油中加一些面粉、马铃薯淀粉或玉米淀粉以增加稠度。

增稠剂：能使液体变稠变凝固状态的物质。

煮熟或煮半熟：将物体放入开水中，煮几秒钟后迅速捞出冷却。

装饰：点缀。

成分索引

百味来厨艺学院
将意大利美食、美学传遍全世界

百味来集团旗下的厨艺学院（ACADEMIA BARILLA）于 2004 年成立于意大利帕尔玛，品牌愿景在于保护、发展和推动意大利传统文化和美食的精髓。基于这家备受世人尊崇的学院的办学理念——"饮食即文化"，学院为美食爱好者和职业厨师提供了全方位的平台，视野覆盖整个意大利，包括从厨艺技能培养到生产高品质产品、葡萄酒及食品经验、企业服务等。

设于帕尔玛的百味来厨艺学院总部，教学内容满足了食品工业的各种技能需求，并且配备有多媒体设施以主办重要企业活动。除了现代化的教学课堂，学院内还设有餐厅、多感官实验室和 18 个配备最新技术设备的厨房。厨艺图书馆藏书超过 11000 本，其中还有大量珍贵历史食谱文献和烹饪艺术的印刷品。这些数量庞大的文化遗产已共享到互联网世界，上百本历史书籍都有数字化资源。

在这所尖端学院内，聚集了国际化的知名导师团队，制定有全面又详细的教学课程，不论是专业厨师还是业余烹饪爱好者，都能满足其学习需求。学院还会组织有关葡萄酒和食品的主题旅行，目的地遍布意大利，为人们提供接触地道意式美食文化的良好机会。

www.academiabarilla.it

伊吉尼奥·马萨里

马萨里是意大利最出名的甜品师，也是世界顶级甜品师之一，享誉全球。他在意大利北部的布雷西亚开有一家甜品店——威内托，开业至今已有四十余年，并于 2011 年、2012 年和 2013 年被意大利权威餐饮指南《红虾》（*Gambero Rosso*）评为意大利最佳餐厅。他还参与经营查理大帝餐厅（位于意大利北部城市布雷西亚的科雷贝阿托镇）。纵观大师的"甜品生涯"，伊吉尼奥·马萨里取得了超过三百多项的证书、奖项，赢得众多国内外赛事，身披无数金牌和冠军的荣耀，其中包括 2012 年意大利最佳巧克力甜品金牌。

法国甜品协会（Relais Dessert）中聚集了众多世界级甜品大师，马萨里也是其中一员。他于 1993 年创办了意大利甜品大师学院，并担任学院名誉主席，立志于提高甜品质量。

当年首届意大利甜品锦标赛在布雷西亚如期举办，作为主办国，意大利人自然希望包揽金奖杯和奖牌。马萨里曾指导意大利队赢得了 1997 年法国里昂西点世界杯、2002 年意大利罗马甜品欧洲杯的冠军，还率队赢得了 2004 年意大利里米尼甜品国际锦标赛。他不仅精通甜品制作，还致力于研究学习，由他撰写的许多著作，内容涉及甜品还有烹饪学，被翻译成各国语言，再版数次，将意式美食文化广泛传播于世界各地。他的主要著作包括：第一本书《计划》（*Programma*），是一本收录了各大特殊场合和活动的甜品合集；《烘烤》（*Cresci*，与阿基里斯·佐娅合著），介绍了发酵的艺术；《黄金》（*Oro colato*），是一本关于巧克力的极致甜蜜诱惑；在其最新著作《不仅仅是糖》（*non solo zucchero*）中，他分享了起酥技巧和种类。

图书在版编目（ＣＩＰ）数据

甜品 / 百味来厨艺学院编著 ；夏小倩译 . -- 北京 ：
中国摄影出版社，2016.7
书名原文：SWEET TEMPTATIONS 120 Masterpieces
of Italian Cuisine
ISBN 978-7-5179-0465-6

Ⅰ．①甜… Ⅱ．①百… ②夏… Ⅲ．①甜食—食谱
Ⅳ．① TS972.134
中国版本图书馆 CIP 数据核字（2016）第 140417 号

WS White Star Publishers® is a registered trademark property of De Agostini Libri S.p.A.
World copyright ©2013 De Agostini Libri S.p.a,
Via Giovanni da Verrazano, 15 – 28100 Novara - ITALY
www.whitestar.it - www.deagostini.it

甜　品

作　　者：［意］百味来厨艺学院　编著
译　　者：夏小倩
出 品 人：赵迎新
策划编辑：张　韵
责任编辑：宋　蕊
装帧设计：胡佳南
出　　版：中国摄影出版社
　　　　　地址：北京东城区东四十二条 48 号　邮编：100007
　　　　　发行部：010-65136125　65280977
　　　　　网址：www.cpph.com
　　　　　邮箱：distribution@cpph.com
印　　刷：北京地大天成印务有限公司
开　　本：16
印　　张：19.25
版　　次：2016 年 7 月第 1 版
印　　次：2016 年 7 月第 1 次印刷
ISBN　978-7-5179-0465-6
定　　价：158.00 元